Fest im Sattel. Insider-Strategien zur Jobsicherung

■ *Jens-Uwe Meyer* ist ausgebildeter Polizeikommissar, berichtete als Reporter und Korrespondent über den US-Wahlkampf und aus Krisengebieten wie dem Nahen Osten oder Bosnien, absolvierte dann ein MBA-Studium und wurde Programmdirektor eines landesweiten Radiosenders. In dieser Position musste er Umstrukturierungen vornehmen, durch die ein Viertel der Arbeitsplätze wegfiel. 2006 gründete er die Firma »Die Ideeologen – Gesellschaft für neue Ideen«. Jens-Uwe Meyer ist als Referent und Trainer tätig.

www.fest-im-sattel.de

Jens-Uwe Meyer

Fest im Sattel. Insider-Strategien zur Jobsicherung

Campus Verlag
Frankfurt/New York

Bibliografische Information der Deutschen Nationalbibliothek
Die Deutsche Nationalbibliothek verzeichnet diese Publikation in der Deutschen
Nationalbibliografie. Detaillierte bibliografische Daten sind im Internet über
http://dnb.d-nb.de abrufbar.
ISBN: 9-783-593-38238-8

Copyright © 2007 Campus Verlag GmbH, Frankfurt/Main
Umschlaggestaltung: R. M. E. Roland Eschelbeck, München
Umschlagmotiv: © Getty Images
Satz: Fotosatz L. Huhn, Maintal-Bischofsheim
Druck und Bindung: Druck Partner Rübelmann, Hemsbach
Gedruckt auf säurefreiem und chlorfrei gebleichtem Papier.
Printed in Germany

Besuchen Sie uns im Internet: www.campus.de

Inhalt

Vom Kuschelclub zum Rodeo –
Die Jobkrise verwandelt den Arbeitsplatz

Es gibt Dinge, die eigentlich jeder weiß, die aber selten aus-
gesprochen werden. Auch in Bezug auf den eigenen Arbeitsplatz gibt es drei unangenehme Wahrheiten, mit denen ich Sie
hier konfrontieren möchte.

Erstens: Auch Sie könnten arbeitslos werden, egal wie sehr
Ihnen Ihr derzeitiger Chef einen sicheren Job garantiert.

Zweitens: Wenn Ihr Unternehmen Mitarbeiter entlässt, stellt
sich irgendwann die Frage, ob es Sie oder Ihre Kollegen trifft.

Und drittens: Wenn von 10 000 Angestellten eines Unternehmens 1 000 entlassen werden, ist Ihre einzige Aufgabe,
dafür zu sorgen, dass Sie zu den 9 000 gehören, die bleiben.
Beim Kampf um die Existenz geht es Ihnen nicht anders als
Cowboys beim Rodeo: Ihre Mitarbeiter sind Kollegen, vielleicht sogar Freunde, aber zugleich Konkurrenten, von denen
es leider nicht alle bis ins Finale schaffen. Für Sie kommt es
aber vor allem darauf an, sich möglichst lange auf dem Pferd
zu halten und nicht abgeworfen zu werden.

»Moment! Moment!«, sagen Sie jetzt vielleicht. »Ist die Tal-
sohle der Wirtschaftskrise nicht schon lange durchschritten?
In vielen Branchen geht es doch sogar schon wieder aufwärts!«
Im Prinzip ja. Und doch macht das Ihre Lage als Mitarbeiter
nur bedingt besser. Denn auch wenn Unternehmen wieder
mehr Aufträge bekommen als in den vergangenen Jahren, auch

wenn sie wieder Mitarbeiter einstellen, eines wird bleiben: die ständige Veränderung. Es wird niemals wieder so gemütlich wie es einmal war.

2006 führte IBM eine Umfrage unter 750 Unternehmenschefs und Führungskräften aus 20 Branchen in allen Industrienationen und aufstrebenden Märkten durch. Das Ergebnis: In den nächsten Jahren planen zwei Drittel aller Befragten grundlegende Veränderungen in ihrem Unternehmen. Die Organisationen seien vielfach »teuer, nicht reaktionsfähig genug, ineffizient und veraltet«. Um sich dem wachsenden Wettbewerb zu stellen, wollen die Unternehmenschefs ihre Geschäftsmodelle hinterfragen und vielfach komplett auf den Kopf stellen.

Die Liste deutscher Unternehmen, die umstrukturieren, Arbeitsplätze abbauen wollen oder gerade abbauen, liest sich wie ein Who is Who der Wirtschaft. Ob Allianz (»Neuordnung zügig vorantreiben«, *Manager-Magazin* 2006), BASF (»im Wesentlichen durch betriebsbedingte Kündigungen«, *Frankfurter Allgemeine Zeitung* 2006), Carl Zeiss Vision (»Die Produktion soll nach Ungarn verlegt werden«, *Financial Times Deutschland* 2005) oder DaimlerChrysler (»Wir müssen den Gürtel noch enger schnallen«, *Focus Money* 2006), überall werden Umstrukturierungen geplant, Mitarbeiter entlassen, Stellen gestrichen, Sozialpläne ausgehandelt oder sogenannte geheime Entlassungen über Abfindungsregelungen vollzogen.

Sie arbeiten in einem Großkonzern und fühlen sich sicher? Dazu gibt es leider keinen Grund. 2004 befragte das Münchener Ifo-Institut 1100 Manager, was sie tun würden, um zu sparen. Dabei fanden die Wirtschaftsforscher heraus, dass gerade Großunternehmen dazu neigen, Personalabbau reflexartig zu betreiben: Vier von fünf Managern aus Großunternehmen sehen betriebsbedingte Kündigungen als wichtigste Maßnahme zur Kostensenkung an. Selbst für Höherqualifizierte sind Arbeitsplätze in Großkonzernen auch in Zukunft mehr gefährdet als in anderen Unternehmen, so die Studie. Für den Computerchiphersteller Intel, das werden Sie in diesem Buch noch erfahren, sind sogar die eigenen Manager teilweise bereits zum Störfaktor geworden.

Für Meinhard Knoche, Vorstandsmitglied im ifo-Institut, keine Überraschung: »Kleinere und mittlere Unternehmen sehen ihr Personal stärker als Ertragsfaktor, während Großunternehmen eher dazu neigen, die Personalkosten durch Entlassungen und Outsourcing zu senken.«

»Kapitalismus Brutal« heißt es im April 2005 im *Stern*, weil nicht einmal Milliardengewinne der Unternehmen die Stellen sichern. Der Produktionsfaktor Mensch – also wir alle – ist der größte Kostentreiber eines Unternehmens und damit jedem Controller und jedem renditeorientierten Großanleger ein Dorn im Auge. Die Folge: Der umworbene Mitarbeiter von heute ist die personelle Altlast von morgen.

Selbst der Herr trennt sich von seinen Schäflein: Das Bistum Münster baut bis 2009 ein Drittel seiner 210 Stellen ab, das Bistum Aachen will sich bis 2008 sogar von jedem zweiten Mitarbeiter getrennt haben.

Die Betroffenheitsrhetorik klingt überall gleich: »Es ist sicher die unangenehmste Aufgabe für Personaler, die Zahl der Mitarbeiter reduzieren zu müssen, vor allem, wenn es nicht immer mit Instrumenten wie natürlicher Fluktuation, Altersteilzeit und Ähnlichem möglich ist«, gesteht Wulf Meier, Personalvorstand der Allianz Versicherungs-AG, in einem Interview der hausinternen Mitarbeiterzeitung. Und für den Aachener Generalvikar Manfred von Holtum, Sanierer im Auftrag des Herrn, sind die Kündigungen das »menschlich schwierigste Thema in dem Sanierungsprozess«. Durchaus hingebungsvolle Worte, die von tiefer Betroffenheit und wahrem Mitgefühl derer sprechen, die ihren Arbeitsplatz behalten. Nur Ihnen helfen Sie im Falle eines Falles nicht.

Sie wollen Ihre Existenz sichern? Dann setzen Sie sich ab jetzt aktiv mit dem Gedanken auseinander, dass die Jobkrise auch Sie treffen kann und Sie im Zuge der nächsten Sparwelle oder Umstrukturierung überflüssig werden. Leiten Sie so früh wie möglich alle Schritte ein, die Ihnen helfen zu überleben. Sie werden in diesem Buch eine Reihe von Methoden kennen lernen, mit denen Sie Ihren Arbeitsplatz in Krisenzeiten retten können.

Das Wichtigste: Ehrlichkeit!

Dieses Buch ist ehrlich. Sehr ehrlich. Die Offenheit, mit der ich Sie konfrontiere, wird Sie stellenweise erschrecken. Doch ich habe mich entschlossen, Ihnen die ungeschminkte Wahrheit zu sagen. Denn je ehrlicher Sie zu sich selbst sind, desto mehr können Sie sich helfen. Malen Sie sich nichts schön und bauen Sie keine Luftschlösser. Je eher Sie sich zum Beispiel eingestehen, dass Sie – im Vergleich zu Ihren Kollegen – für Ihren Betrieb überflüssig sind, desto eher können Sie damit beginnen, dem entgegenzusteuern und sich Nutzenmerkmale zuzulegen.

Ich beschäftige mich in verschiedenen Funktionen – als Polizist, als Kriegsreporter, als Manager und als Berater – seit 25 Jahren mit Krisen. 1982 habe ich als junger Beamter bei der Hamburger Polizei angefangen. Als Bereitschaftspolizist wurde ich bei Straßenschlachten zwischen holländischen und deutschen Fußballfans eingesetzt; auf der Hamburger Davidwache konnte ich tief in das Milieu der Sündenmeile Reeperbahn blicken; als Angehöriger einer verdeckten Rauschgift-Einheit habe ich gegen ein Kartell ermittelt, das in ganz Europa Heroin verkaufte, und während der Ausbildung zum gehobenen Dienst habe ich Insider-Kenntnisse über Ermittlungstaktiken und die Leitung von Einsätzen bekommen. Als ausgebildeter Kommissar verließ ich 1990 die Polizei und wurde Journalist.

Zwei Jahre später verfolgte ich hautnah den Wahlkampf von George W. Bush gegen Bill Clinton als Reporter des amerikanischen Auslandsrundfunks *Voice of America* in Washington. Von 1994 bis 1999 habe ich als Fernsehreporter und Auslandskorrespondent für Pro Sieben aus mehr als 25 Ländern berichtet. Ich war einer der Reporter, die man in Fachkreisen »Krisenhopper« nennt: spezialisiert auf Kriege und Katastrophen. Der Konflikt zwischen Israel und den Palästinensern, den USA und dem Irak, der Türkei und der PKK, die Kriege in Bosnien und im Kosovo, die Lawinenkatastrophe von Galtür, der Amoklauf im französischen Nanterre oder der Absturz von Swissair 111 vor Kanada – jedes Mal war ich live dabei.

Mit der Jahrtausendwende änderte ich mein Leben: Ich hatte genug von Krisen, absolvierte ein MBA-Managementstudium und wurde zunächst Chefredakteur, dann Programmdirektor eines landesweiten Radiosenders. Und schlitterte hier in die nächste Krise, diesmal eine Unternehmenskrise. Die Kosten des Unternehmens mussten radikal gesenkt werden, jede vierte Planstelle der Redaktion fiel weg. Ich hatte eine Entlassungswelle zu verantworten, der eine komplette Umstrukturierung folgte.

Wenn es eine wichtige Lektion gibt, die ich in den Jahren als Krisenreporter und Krisenmanager gelernt habe, ist es die: In einer Krise kann man nur dann helfen, wenn man unbequeme Wahrheiten offen ausspricht. Als Polizist weiß ich, dass man einer Prostituierten nur dann aus der Szene heraushelfen kann, wenn man ihr ihre Situation ungeschminkt beschreibt:

»Es gibt drei Möglichkeiten, hier zu enden: Als Wrack, pleite oder tot.« Die gleiche Form von Ehrlichkeit braucht man in der Rauschgiftszene: Mehr als einmal habe ich mit Abhängigen gesprochen, die mich davon überzeugen wollten, dass sie nicht wirklich süchtig waren, sondern jederzeit aufhören können. Einen von ihnen habe ich zwei Tage später wiedergesehen: tot. Gestorben an einer Überdosis Heroin.

Dass Ehrlichkeit in Krisensituationen auch außerhalb der Polizei mehr bringt als diplomatisches Geplänkel, habe ich im US-Wahlkampf 1992 zwischen Bush und Clinton erfahren. Ich konnte damals Kontakte bis in den engsten Beraterkreis von Bill Clinton aufbauen und habe dort die Seite des Wahlkampfes kennen gelernt, von der nur wenig an die Öffentlichkeit gedrungen ist: wie es ein Kandidat schaffte, während seiner Wahlkampagne eine Krise nach der anderen zu überleben. Clinton hatte sich gleich zu Beginn seiner Kampagne einen der erfolgreichsten, aber auch einen der ungehobeltesten Berater ins Haus geholt: James Carville. Carville und Stan Greenberg, der die Marktforschung für Clinton betrieb, sagten ihrem Kandidaten ungeschminkt, dass er aalglatt und unglaubwürdig wirkte. Hätte Clinton diese Wahrheit nicht hören wollen, hätte er es nicht einmal bis zur Nominierung als Präsidentschaftskandidat geschafft. Sie werden in diesem Buch noch mehr davon erfahren.

Wahrheits-Allergien

Es hat mich immer wieder verwundert, wie viele Menschen auf die Wahrheit beinahe allergisch reagieren. Sie warten förmlich darauf, dass ihnen irgendjemand versichert, es werde schon nichts passieren. Alles andere lehnen sie energisch ab. Als Programmdirektor beim Radio habe ich einem Moderator einmal sehr offen gesagt: »Vielleicht kannst du deinen Job noch drei Jahre machen, vielleicht fünf, vielleicht acht. Aber es wird der Tag kommen, an dem irgendjemand sagt, das Programm müsse verjüngt werden und an dem du entlassen wirst. Und dann gibt es für dich nur zwei Möglichkeiten: Du hast dir ein zweites Standbein aufgebaut oder Hartz IV.« Was glauben Sie war die Reaktion? Ein Dankeschön? Im Gegenteil: Der Mitarbeiter hat sich im Kollegenkreis anschließend lautstark über meine »merkwürdigen Ansichten« geäußert. Er war blind gegenüber der Situation, die jeder kennt, der lange in den Medien arbeitet.

Überhaupt: Von den Medien können Sie viel lernen, denn diese Branche ist das Musterbeispiel für Kurzlebigkeit. Harald Schmidt beschreibt es so: »Ist es nicht geil, anderen beim Scheitern zuzusehen?« Ich kenne ehemalige Kollegen, die vor einigen Jahren noch bekannte und beliebte Moderatoren beim Radio waren, die den Zenit ihrer Karriere jedoch irgendwann überschritten hatten. Da waren sie Mitte vierzig, hatten nie etwas anderes gelernt als zu moderieren und dachten offenbar, dass sie am Mikrofon sitzen können, bis sie Mitte sechzig sind. Doch es ist genauso wie in der Musik: Nur wenige Boygroups sind mit sechzig noch attraktiv. Oder im Sport: Können Sie sich Paul Breitner, den Weltmeister von 1974, heute noch in der Nationalmannschaft vorstellen? Irgendwann fällt in der Medienbranche beinahe jeder dem Jugendwahn zu Opfer. Die Folge: Einige ehemalige Radiomoderatoren sind inzwischen arbeitslose Alkoholiker. Es sind die, die der Wahrheit stets konsequent aus dem Weg gegangen sind.

Als Trainer und Berater ist Ehrlichkeit heute mein größtes Kapital. Ich werde auch Ihnen gegenüber ehrlich und offen sein, selbst auf die Gefahr hin, dass es manchmal wehtut. Ehrlichkeit ist das Einzige, was Ihnen hilft. Wenn ein Unternehmen umstrukturiert wird und der Betriebsrat Ihnen als Mitarbeiter sagt, Sie sollen ruhig bleiben und abwarten, der Betriebsrat würde sich für Sie einsetzen, dann ist das rhetorisches Opium, sonst nichts. Aus Sicht eines Chefs, der ein Unternehmen wettbewerbsfähig machen muss, ist der Betriebsrat allenfalls ein zu managendes Ärgernis. Am Ende – und das habe ich bei Verhandlungen mit Betriebsräten selbst erlebt – geht es in vielen Fällen nicht darum, dass sich Mitarbeitervertreter für Einzelne einsetzen, sondern dass ein Ergebnis erzielt wird, das jeder für sich als Erfolg verkaufen kann. Das ist Realpolitik.

Ihr Chef denkt anders als Sie

Es gibt einen großen Unterschied im Denken von Mitarbeitern und im Denken von Chefs. Wenn Sie diesen Unterschied verinnerlichen und akzeptieren, sind Sie bereits den ersten Schritt gegangen. Viele Mitarbeiter haben das Gefühl, dass ihr Unternehmen ihnen dankbar sein muss für das, was sie in den vergangenen Jahren geleistet haben: »Seit 10 Jahren bin ich jeden Morgen um 6 Uhr hier. Und jetzt werde ich entlassen. Ist das der Dank?« Oder: »Ich habe mich immer aufgeopfert, 12 Stunden am Tag gearbeitet, ohne einmal nach Überstundenbezahlung zu fragen. Und nicht einmal ein Dankeschön bekommen.« Aus Sicht eines Mitarbeiters ist dieser Frust verständlich, aus Sicht eines Unternehmens jedoch sieht die Sache anders aus.

Der Inhaber eines Zeitungsverlags hat mir einmal gesagt: »Mich interessiert das Gestern nicht. Mich interessiert nicht einmal das Heute. Das Heute ist bereits Geschichte. Mich interessiert nur das Morgen.« Als Unternehmer verdient er sein Geld nicht gestern, sondern heute und morgen. Die Leistungen von vor fünf Jahren besitzen höchstens ideellen Wert und keinen materiellen. Deshalb interessiert eine Firma nicht, was Sie gestern geleistet haben, sondern nur das, was Sie morgen leisten werden.

Seien Sie egoistisch

Ehrlichkeit tut immer weh: Natürlich ist es traurig, wenn Sie beginnen, Ihre Lieblingskollegin nunmehr als Konkurrentin um den Arbeitsplatz zu sehen. Und natürlich hat es etwas Hinterlistiges an sich, wenn Sie beginnen, sich dieser freundlichen Kollegin gegenüber Wettbewerbsvorteile zu verschaffen, die Ihnen in der nächsten Entlassungsrunde eine bessere Ausgangsposition verschaffen. Aber es hilft nichts: Die Entscheidung darüber, wer ein Unternehmen verlässt und wer nicht, ist eine Frage der logischen Abwägung. Finden Sie sich damit ab, dass Ihr Überleben am Arbeitsplatz davon abhängt, wie viele logische Argumente es für Sie im Vergleich zu Ihren Kollegen gibt. Lassen Sie Ihre Emotionen beiseite! Für Ihr berufliches Überleben darf es keine Rolle spielen, ob Sie Mitleid mit einer Kollegin haben, die alleinerziehende Mutter ist und nach Feierabend aufopferungsvoll ihren kranken Vater pflegt. Es sei denn, dass Sie aus Großherzigkeit der Kollegin Ihren Arbeitsplatz überlassen wollen.

Der Umgang mit Krisen

Egal ob Ihr Unternehmen Arbeitsplätze abbaut, weil es Kosten reduzieren muss oder umstrukturiert, um sich dem Wettbewerb zu stellen, heute und in den kommenden Jahren werden

Sie mit einer vollkommen neuen Situation konfrontiert: Krisen werden zum Normalfall. Dummerweise lernen Mitarbeiter den Umgang mit Krisen in keinem Ausbildungsplan. Ich habe viele Kollegen erlebt, die in unsicheren Zeiten die Orientierung verloren haben, weil sie eine der wichtigsten Verhaltensregeln aus Krisengebieten nie gelernt haben: ihre Emotionen auszuschalten und mithilfe von analytischen Werkzeugen nach Lösungen zu suchen.

In den vielen Jahren, in denen ich für Pro Sieben aus Krisengebieten berichtet habe, habe ich viel darüber gelernt, wie Generäle ihre Gegner analysieren und Strategien entwickeln, um sich gegen Angriffe zu schützen. Nabil Quaouk, der Kommandant der südlibanesischen Hisbollah, den ich in einem Geheimversteck getroffen habe, hat mir erklärt, wie man jahrelang überlebt, wenn man auf der israelischen Todesliste ganz oben steht. In Armeestellungen im bosnischen Bürgerkrieg habe ich gesehen, wie Einheiten ihre Gegner in die Irre führten und der Kommandant einer PKK-Einheit im Nordirak hat mir eine Lehrstunde in Guerilla-Taktik erteilt. Ich werde Ihnen in diesem Buch immer wieder Parallelen zwischen Krisengebieten und Ihrem Unternehmen aufzeigen. Das heißt nicht, dass Sie solche Strategien in beruflichen Krisen für sich einsetzen sollen – ich möchte Ihnen vielmehr zeigen, mit welchen Mitteln Ihre Gegner, seien es Kollegen, Mitarbeiter oder Chefs, möglicherweise gegen Sie vorgehen und wie Sie sich dagegen wehren können.

So bleiben Sie fest im Sattel

Krisen in Unternehmen kommen nicht überraschend. Dem Großteil aller Entscheidungen liegen lange Abwägungsprozesse zugrunde. Das Management von Unternehmen greift dabei auf Tools zurück, die in der Managementausbildung gelehrt werden. Ich habe sie studiert, in der Praxis eingesetzt und werde sie an Sie weitergeben. So können Sie diese Werkzeuge, mit denen das Management häufig Entscheidungen *gegen* Sie trifft, geschickt *für* sich nutzen. Arbeiten Sie das Buch Schritt für Schritt durch. Insgesamt 12 Tests werden Ihnen dabei helfen, sich ein Bild von der Situation Ihres Unternehmens und Ihrer eigenen Position zu machen. Übertragen Sie die Ergebnisse der einzelnen Tests in die Übersicht in Kapitel 11. Ich werde Ihnen dort Ihren persönlichen Überlebenskompass vorstellen, mit dessen Hilfe Sie sich durch das Dickicht der Veränderungen schlagen können.

Machen Sie sich bewusst: Nur wenn Sie bereit sind, der Realität offen ins Auge zu blicken, können Sie auch die Chancen sehen, die in einer Veränderung liegen. Sie werden bei der Lektüre dieses Buches zwei Seiten sehen: Einerseits war die Gefahr, dass Ihr Unternehmen radikal umgebaut wird, dass Ihr Arbeitsplatz wegfällt oder künftig komplett anders aussehen wird, noch nie so groß wie heute. Andererseits waren auch die Chancen, gemeinsam mit einem Unternehmen zu wachsen, noch nie so groß. Noch nie gab es so viele Gelegenheiten, Veränderungen als Chance für die eigene Entwicklung zu sehen.

1

Schärfen Sie Ihre Sinne für die Krise

Haben Sie auch den Film Titanic gesehen? Und das Orchester bewundert, das bis zuletzt spielte? Dieses Orchester ist zu einem Symbol für Ehre und Anstand geworden: Nicht nur, weil die Mitglieder spielten, obwohl sie eigentlich bereits außer Dienst waren, also freiwillig Überstunden leisteten, sondern vor allem, weil sie im Moment der Katastrophe allen anderen Passagieren Mut machten und ihnen den Vortritt bei der Flucht in die Rettungsboote ließen. Ein ehrenwertes Verhalten, das Henry Hartley Wallace und seine sechs Kollegen aber leider ins sichere Verderben führte.

Was tun Sie, wenn es in Ihrem Unternehmen heißt: »Hilfe, wir sinken«? Greifen Sie zur Geige, unterhalten Sie die Kollegen mit Kammermusik und gehen Sie stilvoll unter? Oder kämpfen Sie um Ihr eigenes Überleben? Für den Fall, dass Ihnen ein Platz im Rettungsboot lieber ist als der Tod im kalten Wasser, müssen Sie dafür sorgen, dass Sie in der Schlange so weit wie möglich vorne stehen. Und das bedeutet, dass Sie die Krise früher wittern müssen als Ihre Kollegen. Idealerweise sitzen Sie schon im Rettungsboot, wenn das Schiff auf den Eisberg prallt.

Woran merkt das Management Ihres Unternehmens, dass eine Krise naht? Ganz einfach: mit einem Krisenradar, das Sie auch nutzen können. Ich habe nur wenige Mitarbeiter kennen gelernt, die überhaupt etwas von einer herannahenden Krise hören wollten. Selbst als die Anzeichen schon nicht mehr zu übersehen waren, warteten sie auf den Tag, an dem die Krise offiziell verkündet wurde. Natürlich trifft es sie dann wie der Eisberg die Titanic. Aber wie gesagt: Sie sitzen zu diesem Zeitpunkt bereits im Rettungsboot.

Achten Sie auf die schwachen Signale

Bereits in den 70er Jahren hat Igor Ansoff, einer der bedeutsamsten Management-Vordenker, das Konzept der »schwachen Signale« entwickelt, welches bis heute in den Führungsetagen vieler Unternehmen verwendet wird. Ansoff ging davon aus, dass Krisen ein Unternehmen nicht heimsuchen wie ein plötzlicher Wirbelsturm, sondern sehr langsam entstehen. Nehmen wir das Internet: Die Technologie hat sich langsam entwickelt. Unternehmen, die die ersten Signale nicht wahrgenommen haben, fanden sich plötzlich in einer Situation wieder, in der irgendetwas passierte, was sie nicht verstanden. Vor Google waren die Gelben Seiten eine Lizenz zum Gelddrucken, wer ein Unternehmen suchte, fand es dort. Und heute? Binnen weniger Jahre verwandelte die Suchtechnologie von Google die gedruckte Ausgabe der Gelben Seiten in Museumsstücke.

Unternehmen, die die schwachen Signale einer Veränderung nicht wahrnehmen oder nicht wahrnehmen wollen, sprechen plötzlich von einer Krise. Andere, die die Frühsignale wahrnehmen und interpretieren, sehen große Chancen. Bei Ihnen und Ihrem Kollegenkreis ist es genauso. Die einen trifft es wie ein Donnerschlag, die anderen haben die Chancen des Wandels schon lange vorher erkannt.

Ihr persönliches Krisenradar

Trainieren Sie, Frühindikatoren zu erkennen und Schlüsse aus ihnen zu ziehen! Richten Sie sich dazu Ihr persönliches Krisenradar ein, mit dem Sie kontinuierlich Ihre Umwelt absuchen. Internet-Suchmaschinen sind hier ein gutes Vorbild: Haben Sie sich jemals gefragt, wie Google es schafft, stets die neuesten Suchergebnisse zu liefern? Google hat – wie andere Suchmaschinen auch – sogenannte »Spider«, Programme, die das Internet systematisch nach neuen Informationen durchsuchen. Auf jeder Webseite, die im Internet steht, schaut das Spiderprogramm regelmäßig vorbei, saugt sich mit Informationen voll und zieht weiter.

Manager, die frühzeitig neue Trends erkennen wollen, verhalten sich ähnlich: Sie suchen regelmäßig den Markt nach neuen Informationen ab. Tun Sie das Gleiche! Gewöhnen Sie sich an, ähnlich wie ein Spiderprogramm Ihre Branche mit einem Netz zu überziehen, in dem die wichtigsten Informationen, die für Ihr Unternehmen oder Ihre Abteilung von Bedeutung sind, hängen bleiben. Damit Sie dabei vor lauter Informationsüberschuss nicht abstürzen wie ein Windows-Rechner aus den Anfangsjahren, müssen Sie die Informationen in einem zweiten Schritt filtern und analysieren. Dazu kommen wir gleich.

Die Schwierigkeit, der Sie begegnen, ist, dass die Signale, die Sie empfangen, häufig kein klares Bild ergeben. Ansoff schreibt, »wenn eine Gefahr oder eine Gelegenheit das erste Mal am Horizont auftaucht, müssen wir uns auf sehr vage Informationen einstellen, die sich mit der Zeit entwickeln und verbessern«. Eine der wichtigsten Fähigkeiten, so Ansoff, ist die, auf diese schwachen Signale zu hören. Diese Fähigkeit sollten Sie trainieren.

Unser Gehirn ist nicht darauf programmiert, schwache Signale automatisch wahrzunehmen. Warum das so ist, erklärt der Bremer Hirnforscher Gerhard Roth anhand neuester Forschungsergebnisse. In seinem Buch *Fühlen, Denken, Handeln* beschreibt er, dass unser Gehirn ein Aufmerksamkeitssystem besitzt, »das unseren Blick bewusst oder unbewusst auf dasjenige lenkt, was für dass Gehirn auffallend und wichtig erscheint«. Dieses Aufmerksamkeitssystem hat die dumme Angewohnheit, bestimmte Dinge vollkommen überzubewerten und andere auszublenden. Denn es arbeitet nicht logisch kombinierend, sondern reagiert auf bestimmte Schlüsselreize.

Beispiel: Eines Morgens statten fremde Männer mit Aktenkof- fern und ernsten Gesichtern Ihrem Chef einen Besuch ab. Das wird Sie die nächsten Tage garantiert beschäftigen: Was kann das bedeuten? Warum waren ihre Blicke so ernst? Das Reizsignal »fremde Männer mit ernsten Blicken« wird von Ihrem Gehirn als Gefahr erkannt, auch wenn es vielleicht nur Vertreter einer Versicherungsfirma waren, die ihre Kompetenz durch ernste Blicke unterstreichen wollten. Andere mögliche Gefahrenquellen, beispielsweise dass die Umsätze in einem bestimmten Marktsegment seit sechs Monaten stetig zurückgehen, werden von Ihrem Aufmerksamkeitssystem dagegen ignoriert.

Noch eine weitere Tücke Ihres Gehirns verhindert, dass Sie sich ausgiebig mit Analysen beschäftigen: Das Handeln von Menschen ist belohnungsorientiert. Das heißt, wir alle tun am liebsten Dinge, die einen Gefühlszustand hervorrufen, den Gerhard Roth als »befriedigend, positiv erregend oder lustvoll« bezeichnet. Finden Sie es besonders lustvoll, nach Informationen zu suchen, die Sie beunruhigen? Erregt Sie das positiv? Ich vermute mal: Nein. Aus diesem Grund gilt es, den berühmten inneren Schweinehund zu bekämpfen, der Ihnen die ganze Zeit suggeriert: »Geh nicht auf die Suche nach diesen belastenden Zahlen! Iss lieber ein Eis mit der süßen Assistentin (beziehungsweise dem süßen Assistenten) aus dem Rechnungswesen.«

Analysieren Sie die Situation Ihres Unternehmens

Wenn Sie jetzt sagen: »Hilfe! Nicht noch mehr Informationen! Das treibt mich in den Wahnsinn!«, so ist das vollkommen nachvollziehbar. Wir werden mit so viel Irrelevantem überschüttet, dass wir mit dem Filtern kaum hinterherkommen. Und jetzt noch mehr Informationen? Führt das nicht fast automatisch zur Hirnblockade? Auf diese Frage gibt es eine klare Antwort: Ja. Und Sie werden sehen, dass ich alles andere vorhabe, als Sie in einen Datenjunkie zu verwandeln, der zitternd vor dem Computer sitzt und vor Angst, er könnte etwas verpassen, mit den Zähnen klappert. Im Gegenteil: Ich möchte Sie in die Lage versetzen, die wichtigsten Informationen aus der Datenflut herauszufischen und miteinander in Verbindung zu setzen.

Nichts anderes tut auch das Topmanagement eines Unternehmens, wenn es eine Analyse des wirtschaftlichen Umfelds durchführt. Das »Five-Forces-Modell« von Michael Porter, Professor der Harvard University in Cambridge, ist dafür ein einfaches, aber sehr wirkungsvolles Modell. Laut Porter können Sie den Markt, in dem Ihr Unternehmen tätig ist, mit nur fünf Fragen analysieren:

1. Wie stark ist der Wettbewerb zwischen den verschiedenen Unternehmen in Ihrer Branche?
2. Wie viel Macht haben Konsumenten, also die Kunden Ihres Unternehmens?

3. Wie viel Macht haben die Lieferanten Ihres Unternehmens? (Zu den Lieferanten gehören übrigens auch Sie. Sie sind der Lieferant einer Dienstleistung, die Arbeitskraft heißt.)
4. Welche Bedeutung hat der Eintritt neuer Mitbewerber?
5. Wie groß ist die Bedrohung durch Ersatzprodukte und -dienstleistungen?

Abbildung 1: Das Five-Forces-Modell

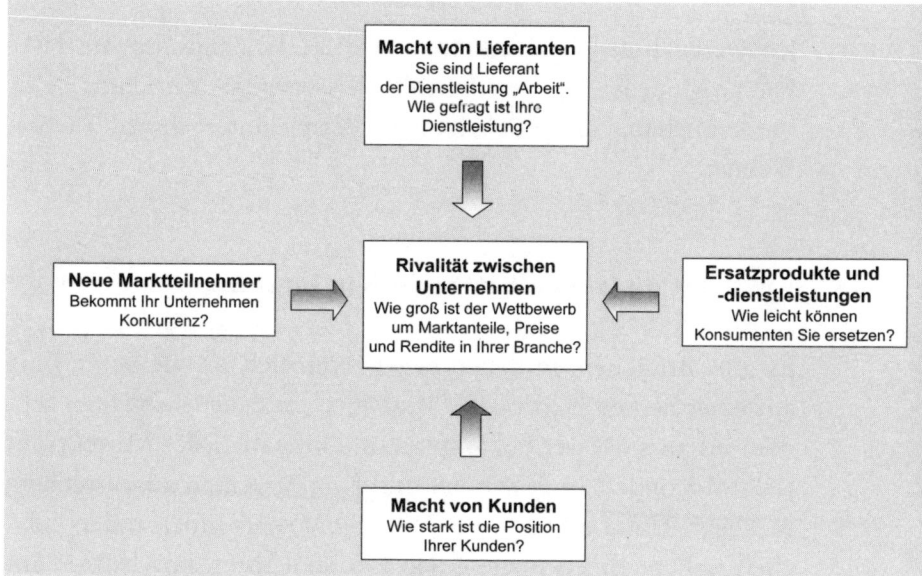

Mit diesem Modell können Sie Ihren persönlichen Radarschirm für herannahende Gefahren und für neue Chancen entwickeln. Ich möchte Ihnen das anhand eines konkreten Beispiels näher erläutern.

Beispiel: Sie sind Mitarbeiter im Marketing des wachsenden Internet-Unternehmens Passion Webnet mit inzwischen 200 Mitarbeitern. Was das Unternehmen genau tut, ist für dieses Beispiel erst einmal nicht so wichtig. Den Zusammenbruch des Neuen Marktes und der ersten euphorischen Internet-Welle haben Sie am eigenen Leib miterlebt. Ihre Aktienoptionen waren binnen weniger Wochen fast wertlos und das Unternehmen, für das Sie damals arbeiteten, hat zwei Drittel seiner Belegschaft entlassen. Seitdem sind Sie skeptischer gegenüber Luftschlössern geworden und Sie haben sich geschworen, dass Sie bei der nächsten Krise zu den Ersten gehören, die das nahende Gewitter erkennen.

Ich werde Ihnen jetzt erklären, wie Sie sich mithilfe des Five-Forces-Modells Ihr persönliches Krisenradar einrichten. Zur Verdeutlichung dient dabei unser Beispielunternehmen Passion Webnet.

Wie hitzig ist der Wettbewerb in Ihrer Branche?

Es gibt Branchen, in denen es so gemütlich ist wie beim Tanz auf einer heißen Herdplatte: Branchen, in denen sich Unternehmen bis aufs Messer bekämpfen und beinahe jedes Mittel recht ist, um Kunden zu gewinnen und Konkurrenten auszustechen, in denen Unternehmen, über die Sie gestern noch müde gelächelt haben, Ihnen heute einen Großteil Ihrer Kundschaft abnehmen. Dass diese Branchen ihren Mitarbeitern keine wirklich sicheren Arbeitsplätze bieten können, leuchtet ein.

Gehen Sie von folgender Grundregel aus: Je hitziger der Wettbewerb in Ihrer Branche ist, desto unsicherer ist Ihr Arbeitsplatz. Wenn Ihr Unternehmen einen sicheren Markt ohne großen Wettbewerb hat, braucht das Management in der Regel nicht ernsthaft über Kostensenkungen oder Umstrukturierungen nachzudenken.

Als Mitarbeiter eines Unternehmens wie Passion Webnet hingegen spüren Sie die Hitze deutlich! Sie müssen ständig damit rechnen, dass die Konkurrenz Sie aushebelt und Sie Ihren Kunden nur noch hinterherwinken können. Internet-Nutzer sind nun mal keine besonders treuen Kunden, sondern hüpfen schneller von Anbieter zu Anbieter als ein Gibbon-Affe den Baum wechseln kann. Mit einem guten Konzept und einem aggressiven Marketing kann es Ihre Konkurrenz schaffen, die Umsätze Ihrer Firma binnen kürzester Zeit in den Keller zu treiben.

Der erste Test in diesem Buch wird Ihnen zeigen, wie heiß es in Ihrer Branche zugeht. Dieser Hitzetest ist ein guter Indikator dafür, wie krisengefährdet Ihr Unternehmen ist.

1. Der Branchentest: Tanzen Sie schon auf der heißen Herdplatte?

	Stimme ich zu	Stimme ich nicht zu	✓
Der Markt, in dem unsere Firma tätig ist, ist gesättigt. Es gibt kaum noch neue Kunden.			
Es kommen ständig neue Anbieter in den Markt, die uns Marktanteile abnehmen.			
Die Kunden sind nicht mehr so treu wie früher.			
In unserer Branche tobt ein gnadenloser Preiskampf.			
In einigen Jahren wird es in unserer Branche voraussichtlich weniger Anbieter geben als jetzt.			

Wenn Sie keiner oder nur einer Aussage zustimmen: Das Klima ist angenehm. In den Unternehmen Ihrer Branche führen Sie (noch) ein angenehmes Leben. Die Sicherheit eines Beamten haben Sie dennoch nicht: Wenn Anleger höhere Renditen fordern, muss das Management auch hier die Kosten senken.

Wenn Sie zwei oder drei Aussagen zustimmen, könnte es schlimmer sein, aber der Markt bringt das Management Ihres Unternehmens häufiger ins Schwitzen. Beobachten Sie, ob sich der Wettbewerb verschärft!

Wenn Sie vier oder fünf Aussagen zustimmen, gehören Sie leider zu denen, die auf der heißen Herdplatte tanzen. Der Wettbewerb in Ihrer Branche ist extrem und wird sich mit hoher Wahrscheinlichkeit sogar noch deutlich verschärfen!

Sorgen Sie dafür, dass Sie sich auf der Herdplatte nicht die Füße verbrennen: Machen Sie es sich zur Angewohnheit, die Preismodelle und Marketingstrategien der fünf wichtigsten Mitbewerber jede Woche zu analysieren! Achten Sie vor allem auf das, was Igor Ansoff »schwache Signale« nannte! Hat sich im Angebot der Mitbewerber etwas verändert? Gibt es Anzeichen für Angriffe oder neue attraktive Angebote? Notieren Sie die kleinsten Veränderungen und beobachten Sie sie.

Haben Sie früher Signale erst dann beachtet, wenn Sie schon fast Ohrenstöpsel brauchten, um sie zu überhören? Dann achten Sie ab jetzt darauf, ob die leisen Töne, die Sie wahrnehmen, stärker werden. Weitet die Konkurrenz das neue Preismodell aus? Hat sich die neue Marketingstrategie durchgesetzt? Verliert Ihr Unternehmen mehr und mehr Marktanteile? Geht der Umsatz in Ihrer Firma zurück?

Je hitziger der Wettbewerb in Ihrer Branche ist, desto mehr Zeit sollten Sie sich für Ihr Krisenradar nehmen! In Ihrem eigenen Interesse. Denn wenn sich das Ergebnis eines Unternehmens erst einmal verschlechtert, sind viele Chefs äußerst fantasielos. Sie reagieren wie der berühmte pawlowsche Hund beim Glöckchenklingeln. Umsatzrückgang? Das heißt Kostensenkung. Und das bedeutet: Entlassungen.

Wie gefährlich sind neue Konkurrenten?

Es gibt Branchen, in denen sich Unternehmen fühlen können wie bedrohte Tierarten in einem Naturschutzreservat. Die Deutsche Telekom gehörte so lange dazu, bis die Schutzzäune fielen und die Jagdsaison auf den Ex-Monopolisten eröffnet war. Im Gegensatz dazu haben Unternehmen wie Passion Webnet niemals Schutzzäune um ihre Geschäftsmodelle gehabt. Als Mitarbeiter von Unternehmen, die sich im ungeschützten Raum bewegen, müssen Sie ständig damit rechnen, dass aus einem Zwerghamster plötzlich ein Riese wird, der den gesamten Markt auf den Kopf stellt.

Um zu beurteilen, ob neue Konkurrenten das Potenzial haben, Ihrem Unternehmen gefährlich zu werden, versetzen Sie sich gedanklich auf die Seite des Gegenübers: Als neue Firma auf dem Markt können Sie etablierte Anbieter über den Preis angreifen, was den Konkurrenzkampf verschärfen würde. Die Frage, um die es dann geht, heißt: Wer hat mehr Geld in der Kriegskasse? Der Friedhof der Billiganbieter, die zwar Kunden gewonnen, aber kein Geld verdient haben, ist groß.

Gefährlicher ist die Konkurrenz, die wirklich besser ist, weil sie ein besseres Produkt oder eine bessere Dienstleistung anbietet. Doch woran erkennen Sie, ob da gerade eine Killer Application kommt, die den Markt im Sturm erobert oder nur ein Nice-to-have-Produkt, das ein laues Lüftchen verursacht?

Der Competitive Innovation Advantage

Damit ein neues Produkt oder eine neue Dienstleistung einem bestehenden Produkt beziehungsweise einer bestehenden Dienstleistung ernsthaft Konkurrenz machen kann, muss es den sogenannten »Competitive Innovation Advantage« besitzen:

Der Competitive Innovation Advantage

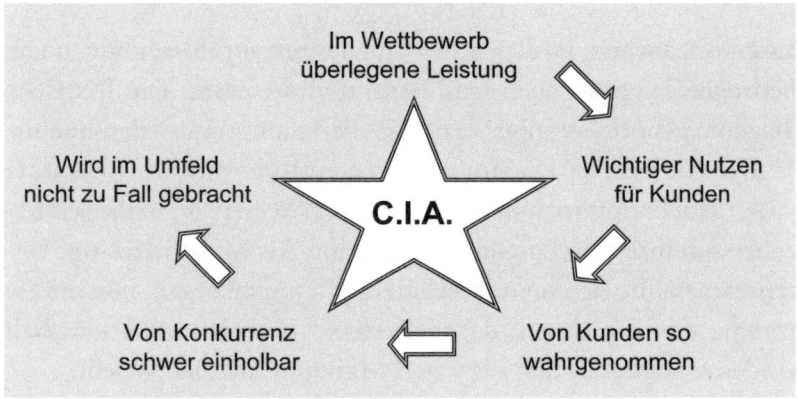

Eine im Wettbewerb überlegene Leistung haben Ihre Konkurrenz muss zunächst einmal irgendetwas bieten können, was dem Angebot Ihres Unternehmens überlegen ist. Also: Sie muss in irgendetwas besser sein.

Ein wichtiges Nutzenmerkmal für die Kunden besitzen Nehmen wir an, ein Mitbewerber von Passion Webnet wirbt damit, dass jeder Neukunde ein kostenloses E-Mail-Account bekommt: nicht besonders spannend in einer Zeit, in der kostenlose Accounts frei verfügbar sind. Wenn die bessere Leistung jedoch wirklich nützlich für die Kunden ist, besteht Gefahr.

Vom Kunden als besser wahrgenommen werden Nehmen wir an, die Passion-Webnet-Konkurrenz bietet tatsächlich einen großen Vorteil, nämlich verbesserte Suchfunktionen, die noch genauer sind als die Ihres Unternehmens. Dann ist die nächste Frage: Wird dieser Nutzen vom User auch so wahrgenommen oder fällt es unter die Kategorie »innovative Spielerei«?

Von der Konkurrenz nicht leicht einholbar sein Wenn Ihr Konkurrent einen Nutzen bietet, den Ihr Unternehmen binnen weniger Tage auch bieten kann, brauchen Sie sich keine Sorgen machen. Noch bevor die ersten Kunden wechseln, wird der Vorsprung des Konkurrenten mit hoher Wahrscheinlichkeit bereits wieder dahin sein.

Wird im Umfeld wahrscheinlich nicht zu Fall gebracht Wenn abzusehen ist, dass das neue Unternehmen keine Finanzierung bekommt, weil Investoren Start-ups in Ihrer Branche gerade meiden wie ein Schwein das Messer, wird dem Neuen am Markt wahrscheinlich schnell die Luft ausgehen. Ruhe bewahren!

Machen Sie den Konkurrenztest auf Grundlage des Competitive Innovation Advantage! Sie können damit einschätzen, wie gefährlich neue Produkte und neue Dienstleistungen Ihrer Mitbewerber dem Unternehmen, für das Sie arbeiten, werden können.

2. Der Konkurrenztest: Sind Ihre Mitbewerber innovativer und besser?

	Stimme ich zu	Stimme ich nicht zu	
Das, was unsere Konkurrenz da Neues auf den Markt bringt, ist einfach besser.			
Das ist keine Innovationsspielerei, sondern bringt den Kunden wirklich viel.			
Die Kunden bemerken diesen Nutzen.			
Den Vorsprung der Konkurrenz können wir nicht so leicht einholen.			
Es gibt nichts, was dem im Wege stehen könnte.			

Wenn ein neues Unternehmen im Markt ein Produkt oder eine Dienstleistung anbietet, die genau diese fünf Kriterien erfüllt, dann Achtung! Hier haben Sie es mit hoher Wahrscheinlichkeit mit einem ernsthaften Konkurrenten zu tun, den Sie genau beobachten müssen!

Wie mächtig sind Sie als Lieferant?

Betrachten Sie sich ab sofort nicht mehr als Mitarbeiter eines Unternehmens, sondern als Lieferant von Dienstleistungen. Ihre Dienstleistung heißt Arbeitskraft. Sie stellen einem Unternehmen das Dienstleistungsprodukt *Ich* zur Verfügung, an dem das Unternehmen hoffentlich ein großes Interesse hat. Wie austauschbar Lieferanten sind, hängt davon ab, wie wertvoll die Leistung für den Abnehmer ist.

Um herauszubekommen, wie mächtig Ihre Position ist, fragen Sie sich:

- Wie stark ist das Unternehmen, für das Sie arbeiten, auf Ihre Dienstleistung angewiesen?
- Wie gefragt ist Ihre Dienstleistung?

Sind Sie der Lieferant eines Discount-Markts, der Waren liefert, die dann als Hausmarke verkauft werden, haben Sie eine sehr schwache Position. Ihre Mitbewerber könnten sofort die Lieferung der Waren übernehmen, ohne dass es dem Endkonsumenten auffällt. Sind Sie hingegen ein Lieferant exklusiver Oldtimer-Ersatzteile, haben Sie eine sehr starke Position: Der Kunde kommt um Sie nicht herum. Wie sehr würde es Ihrem Unternehmen wehtun, wenn Sie morgen gehen würden? Lässt sich Ihre Dienstleistung so einfach austauschen wie die eines Discounter-Lieferanten? Oder würde das Unternehmen verzweifeln wie der Oldtimer-Fan, wenn Sie plötzlich nicht mehr liefern würden? Wenn Ihr Dienstleistungsprofil am Markt gerade sehr stark gesucht wird, sind Sie in einer guten Position. Andernfalls ist Ihr Arbeitgeber definitiv im Vorteil. So bekommen Sie heraus, wie gefragt Sie sind: Geben Sie Suchprofile in Karriereportalen wie www.monster.de ein und lassen Sie sich regelmäßig über aktuelle Stellenangebote aus Ihrem Bereich informieren. Wenn Sie Trends feststellen möchten, können Sie Ihren Suchbegriff in Diensten wie dem JobTurbo der *Zeit* eingeben, der verschiedene Karriereportale nach freien Stellen absucht. Sie erhalten übersichtlich die Zahl der Stellen, auf die Ihr Suchbegriff zutrifft. Notieren Sie die Trefferanzahl wöchentlich oder monatlich. Sie bekommen so ein gutes Bild davon, ob die Nachfrage nach Ihrem Qualifikationsprofil zu- oder abnimmt.

Insider-Tipp: Machen Sie sich unersetzlich
Erfolgreiche Überlebenskünstler machen ihr Unternehmen Stück für Stück von ihnen abhängig. Ein Verkaufsleiter, der es schafft, sämtliche großen Kunden privat zu umgarnen und niemandem sonst im Unternehmen direkten Zugang zu den Kunden gewährt, hat seinen Arbeitgeber irgendwann komplett an der Angel. Würde er gehen, würde er sämtliche wichtigen Kunden mitnehmen. Auch der Buchhalter, der es schafft, dass niemand außer ihm die komplette Übersicht über die Finanzen des Unternehmens hat, verfügt über eine mächtige Lieferantenposition. Sein Buchhalterkollege, der die Finanzen so transparent gestaltet, dass sich jede Fachkraft in zwei Tagen einarbeiten kann, ist hingegen austauschbar. Zu viel Transparenz kann sich durchaus nachteilig auf Ihren Marktwert auswirken ■

Wie mächtig sind Ihre Kunden?

Die Art, wie machtvoll Kunden Ihrem Unternehmen gegenüber auftreten können, sagt viel über die Situation des Unternehmens aus. Wenn sich Autos nur noch dann an den Kunden bringen lassen, wenn Rabatte gewährt und Zusatzausstattungen ohne Aufpreis geliefert werden, wenn sich die Händler einer Region eine wahre Preisschlacht liefern, dann ist dieser Zustand aus Sicht eines Unternehmens extrem unbefriedigend. Wenn Kunden hingegen Schlange stehen, es nicht wagen, nach Rabatten zu fragen und sogar bereit sind, auf ihr neues Automodell einige Wochen oder Monate zu warten, herrscht aus Sicht des Unternehmens ein geradezu paradiesischer Zustand.

Achten Sie darauf, wie sich der Verhandlungsspielraum von Kunden gegenüber Ihrem Unternehmen im Laufe der Zeit verändert. Um beim Beispiel von Passion Webnet zu bleiben: Schafft es das Unternehmen, Stammkunden zu binden so wie es beispielsweise eBay oder das Internet-Portal Open BC schaffen? Oder hat sich die Lage verändert und den einst treuen Stammkunden laufen Sie jetzt hinterher? Der erste Fall spricht dafür, dass Passion Webnet in eine eher stabile Phase übergeht. Im zweiten Fall besteht die Gefahr, dass das Unternehmen in eine Krise schlittert.

Wie ersetzbar sind die Dienstleistungen und Produkte Ihres Unternehmens?

Die Anbieter privater Fernsehprogramme wiegten sich jahrelang in der Sicherheit, dass sie – gesetzt den Fall, die deutsche Bevölkerung verfiele nicht in einen kollektiven Fernsehstreik – unersetzbar seien. Sicherlich, der zappende TV-Zuschauer und

Werbeverweigerer war ein Ärgernis, aber immerhin zappte er durchaus oft zurück, um zu sehen, ob der verhasste Werbeblock zu Ende ist. Dabei sah er zwangsläufig auch ein bisschen Werbung.

Plötzlich und unerwartet stehen die Sender heute vor dem, was die *Frankfurter Allgemeine Zeitung* »die größte Herausforderung seit der Einführung des Privatfernsehens Anfang der 8oer Jahre« nennt: der Verbreitung des Digitalen Festplattenrecorders. Paradiesische Zeiten für TV-Schnorrer, das jahrelange Gegengeschäft »Ich zeig dir meinen Film, du guckst dafür Werbung« ist plötzlich dahin. Studien in den USA zeigen, dass 70 Prozent aller, die ein solches Gerät besitzen, jeden Werbeblock überspringen. Der Festplattenrecorder ist zwar kein Ersatzgerät für den Fernseher, aber für das, wovon die Sender leben: das Live-Zuschauen.

Dieses Beispiel soll Ihnen zeigen, dass Sie nicht nur auf Ihre unmittelbare und künftige Konkurrenz achten müssen, sondern auch auf Produkte beziehungsweise Dienstleistungen, mit der ein Kunde Sie ersetzen kann: Die Konkurrenz der Deutschen Bahn sind nicht in erster Linie private Bahnbetreiber, sondern alle Verkehrsmittel, mit denen der Kunde sein Bedürfnis, von A nach B zu kommen, befriedigen kann. Die Konkurrenz der Telekom sind nicht nur Anbieter günstigerer Telefontarife, sondern alle Techniken, die es dem Konsumenten erlauben, das Bedürfnis nach Kommunikation zu stillen: Briefe, E-Mails, Videotelefonie per Internet und so weiter.

Wenn Sie auf neue Technologien, Produkte oder Dienstleistungen stoßen, mit denen der Kunde die Leistungen Ihres Unternehmens ersetzen kann, behalten Sie sie im Auge. Wenn sich der Trend verstärkt und Kunden beginnen, auf alternative Produkte oder Dienstleistungen umzusteigen, wird sich das über kurz oder lang auf Ihr Unternehmen auswirken.

Durch was sind Sie ersetzbar?

Fragen Sie sich auch, ob Ihr Unternehmen gerade Dinge tut, mit denen Sie ersetzt werden könnten. Wenn Sie beispielsweise im Kundenservice arbeiten, sind Ihre potenziellen Konkurrenten nicht nur Callcenter mit preiswerten Mitarbeitern in strukturschwachen Regionen, sondern auch alle Aktivitäten Ihres Unternehmens, die dazu dienen, Kundenanfragen ohne Einbeziehung von Mitarbeitern zu beantworten: Verbesserungen am Kundenservice-Internetportal, bei den Betriebsanleitungen von Produkten et cetera. Wenn Sie bemerken, dass Ihr Unternehmen Technologien oder Dienstleistungen entwickelt, mit der Ihre jetzige Tätigkeit ersetzt werden kann, sollten Sie diese Erkenntnis so früh wie möglich als hellen Punkt auf Ihrem Radarschirm erscheinen lassen.

Weitere Schlüsselinformationen

Die fünf Indikatoren von Michael Porters Five-Forces-Modell sind bereits gute Anhaltspunkte, mit denen Sie ein Gefühl dafür bekommen, wie sicher oder unsicher es in Ihrer Branche gerade zugeht. Zur Ergänzung können Sie noch einige weitere Schlüsselinformationen definieren, nach denen Sie regelmäßig suchen wollen. Beispielsweise:

- Sind vergleichbare Unternehmen aus Ihrer Branche in Schwierigkeiten?
- Beginnen Konkurrenzunternehmen mit Kostensenkungen, um konkurrenzfähiger zu werden?
- Taucht im Zusammenhang mit Ihrer Branche das Wort »Krise« häufiger in der Presse auf?

- Äußert sich das Topmanagement Ihres Unternehmens optimistisch oder lassen sich zwischen den Zeilen Veränderungen herauslesen?

Ihr vollautomatisches Radarsystem

Sie können Ihr persönliches Radarsystem automatisieren, indem Sie im Internet moderne Suchtechnologien nutzen. Füttern Sie Nachrichten-Suchmaschinen mit Ihren Suchbegriffen: Wenn Sie in der Metallindustrie arbeiten und regelmäßig wissen möchten, welche Unternehmen in welchen Bereichen Stellen abbauen, nehmen Sie beispielsweise die Worte »Metallbranche Entlassungen«. Arbeiten Sie bei einer Bank und möchten wissen, wie groß der Renditedruck auf Ihr Unternehmen ist, nehmen Sie die Formulierung »Bank Rendite«. Probieren Sie Ihre Suchbegriffe einige Mal in Nachrichten-Suchmaschinen wie zum Beispiel Google news aus. Wenn Sie das Gefühl haben, dass die Kombination die gewünschten Ergebnisse liefert, bestellen Sie eine personalisierte E-Mail wie den Google news alert. Mit diesem kostenlosen Dienst erhalten Sie täglich alle Meldungen, die auf Ihr Suchprofil zutreffen. Sie sind so ständig im Bild, und selbst wenn Sie zwei Wochen Urlaub haben oder auf längerer Dienstreise sind, bekommen Sie alle Informationen.

Achtung! Wenn Sie sich entschließen, Ihr persönliches Krisenradar einzurichten, haben Sie den ersten entscheidenden Schritt nach vorne getan. Jetzt ist Kontinuität wichtig! Ein Fluglotse, der nur einmal auf seinen Radarschirm blickt, sieht zwar eine Momentaufnahme, jedoch keinen Verlauf: Welche Flugzeuge bewegen sich wie in welcher Höhe auf welchen Punkt zu? Diese Frage lässt sich nur beantworten, wenn der Lotse einen regelmäßigen Blick auf das Radar wirft.

Mit Ihrem Krisenradar haben Sie einen guten Überblick über die Situation, in der sich Ihr Unternehmen gerade befindet und mit welchen Trends Ihr Unternehmen konfrontiert wird. Sie können ungefähr einschätzen, wie hoch Ihr persönlicher Marktwert gerade ist. Fragen Sie sich unbedingt nach jeder Analyse, die Sie durchführen: Ist der Trend, der sich abzeichnet, für mich gut oder schlecht?

Die Tatsache, dass ein Unternehmen besser dasteht, bedeutet nicht automatisch, dass Ihr Arbeitsplatz sicherer wird. Vielleicht hat sich der enorme Marketingaufwand ausgezahlt, das beispielhafte Internet-Unternehmen Passion Webnet tritt in eine ruhigere Phase ein und die Geschäftsführung streicht Stellen im Marketing. Oder umgekehrt: Stammkunden müssen mit neuen Serviceangeboten und neuen Marketing-Aktionen gehalten werden. Die Geschäftsführung verstärkt die Marketing-Aktivitäten.

Bedenken Sie: In jeder Krise gibt es Gewinner und Verlierer. Und Sie wollen zu den Gewinnern gehören. In den folgenden Kapiteln erfahren Sie, wie Sie dieses Ziel erreichen können.

- Richten Sie sich so früh wie möglich ein persönliches Krisenradar ein.
- Hören Sie auf die schwachen Signale und behalten Sie diese im Auge.
- Strukturieren und analysieren Sie Informationen mit dem Five-Forces-Modell von Michael Porter.

2.

Sind Sie überflüssig?

Berater, deren Aufgabe es ist, Unternehmen zu verschlanken, gehen wie selbstverständlich davon aus, dass in einer Firma ein Teil der Belegschaft vollkommen überflüssig ist. Berater sind keine schlechten Menschen, nur verdienen sie ihr Geld mit etwas anderem als Sie es tun. Als Mitarbeiter eines Unternehmens bekommen Sie Ihr Geld dafür, dass Sie für Ihr Unternehmen Werte produzieren. Unternehmensberater verdienen ihr Geld damit, Ihnen genau diese Eigenschaft abzusprechen. Viele dieser zumeist jungen Hochschulabsolventen bekommen ein Modell an die Hand, mit dem sie sich auf die Suche nach überflüssigen Mitarbeitern in Unternehmen machen. Teilweise werden sie danach entlohnt, wie viele überflüssige Mitarbeiter sie finden, sodass Sie davon ausgehen können, dass sie auf jeden Fall viele davon finden werden.

Wie können Sie erkennen, ob der Berater, der gerade durch ihre Abteilung streift, ein Entlassungsberater ist? Gar nicht. Geben Sie bei Google mal das Wort »Entlassungsberater« ein. Sie werden praktisch niemanden finden, der sich so bezeichnet. In der Fachsprache der Manager heißt so etwas »Prozess- und Veränderungsberatung«, »Human Resources Change« oder »Outplacement Beratung«. Das Wort Entlassung vermeiden Personalberater wie ein Fisch den Strand. Entlassung ist ein Unwort. Stattdessen sprechen Berater lieber davon, »Veränderungsziele unter der Prämisse überdurchschnittlicher Effizienz und Wertschöpfung« anzustreben. Dabei kann es dann – wie es in einem Hintergrundpapier einer großen Personalberatung heißt – zu einer »deutlichen Reduktion von MitarbeiterInnen« kommen. Aha. Entlassungen also.

Zur Ehrenrettung der Beraterbranche muss eines gesagt werden: Viele Mitarbeiter in Unternehmen sind in der Tat vollkommen überflüssig, auch wenn sie sich und ihre Aufgabe noch so wichtig nehmen. Spätestens wenn auf einen, der die Arbeit macht, ein zweiter kommt, der koordiniert, ein dritter, der verwaltet, und ein vierter, der die Kommunikation zwischen allen Beteiligten sicherstellt, können Sie davon ausgehen, dass mindestens ein Mitarbeiter hier vollkommen überflüssig ist. Vielleicht sogar zwei oder drei.

Wie groß ist Ihr Nutzwert?

In seinem Buch *Marketing Communications*, einem Standardwerk des Marketings, schreibt Michael L. Rothschild: »Anbieter neigen dazu, in Produkteigenschaften zu denken, aber die Konsumenten kaufen keine Produkteigenschaften, sondern subjektiven Produktnutzen.« Einen Unterschied, den Werner Kroeber-Riel und Franz Rudolf Esch in ihrem Buch *Strategie und Technik der Werbung* mit folgendem Zitat verdeutlichen: »Kunden wollen keine Viertel-Zoll-Bohrer. Sie wollen Viertel-Zoll-Löcher.«

Was Marketing- und Werbeexperten über das Verhältnis zwischen Anbietern und Konsumenten schreiben, gilt auch für das Verhältnis zwischen Ihnen und Ihrem Unternehmen. Ihr Chef ist der Konsument Ihrer Leistung. Er bezahlt Sie nicht für

Ihre Fähigkeit, besonders schnell Briefe zu schreiben, sondern für den Nutzen, schnell und zuverlässig Geschäftspost erledigt zu bekommen. Ein Unternehmen bezahlt Sie nicht dafür, dass Sie eine gute Ausbildung in der Qualitätskontrolle haben, sondern für den Nutzen, fehlerfreie Waren ausliefern zu können. »Was macht das für einen Unterschied?«, fragen Sie sich jetzt vielleicht. Einen ganz großen: In dem Moment, in dem Sie Fähigkeiten herausstellen, die einem Unternehmen keinen Nutzen bieten, sind Sie auf verlorenem Posten. Ihre Ausbildung kann noch so gut sein, Ihre bisherigen Leistungen können noch so überwältigend gewesen sein, wenn Sie dem Unternehmen in Zukunft keinen Nutzen mehr bieten, sind Sie überflüssig.

Wenn Sie das Gefühl haben, dass der Nutzen, den Sie Ihrem Unternehmen bieten, eher gering ist, ist jeder Tag, an dem es niemand merkt, ein Geschenk. In den nächsten beiden Abschnitten werde ich Ihnen zeigen, dass nutzlose Mitarbeiter praktisch nur in Behörden überleben können. Unternehmen, die – je erfolgreicher sie werden – automatisch Speck ansetzen, machen im Gegensatz zur öffentlichen Verwaltung regelmäßig eine Abmagerungskur.

Verwaltungen sind gute Beispiele dafür, wie sich ein Apparat aufblähen und beschäftigen lässt. Da berichtet eine deutsche Stadt stolz, dass ihre Beamten 31 000 Straßen- und Parkbäume betreuen, eine Zahl, die sich deshalb so genau ermitteln lasse, weil penible Beamte jeden Baum in einem Baumkataster und einer Grünflächendatei führen. Lediglich im Stadtwald sei die Zahl der Bäume noch nicht genau erfasst, heißt es in einer Pressemitteilung. Aber was nicht ist, kann ja noch kommen. Sind Spechtschäden nicht seit langem ein Problem, dessen sich die öffentliche Verwaltung dringend annehmen sollte? Wie wäre es mit der Einrichtung eines Referats für die statistische Erfassung und Auswertung von Spechtlöchern?

In Berlin wurde für überflüssige Beamte sogar eine eigene Behörde eingerichtet: das »Zentrale Personalüberhangmanagement«. Die Aufgabe der Behörde ist unter anderem, für die Sicherung einer »angemessenen Beschäftigung der Personalüberhangkräfte und einer anforderungsgerechten Unterbringung der Personalüberhangkräfte« zu sorgen. Das Zentrale Personalüberhangmanagement wurde unter anderem deshalb gegründet, weil die Behörden zwar wussten, welche Aufgabengebiete vollkommen überflüssig waren, jedoch – so heißt es offiziell – »bisher kaum Überhangkräfte aus ihren bisherigen Arbeitsgebieten herausgelöst« wurden.

Auch Unternehmen setzen Speck an

Unternehmen, denen es gut geht, verhalten sich ähnlich wie Behörden: Sie blähen sich auf. Da wird einem inkompetenten Abteilungsleiter mit guten Beziehungen zur Geschäftsführung ein eigenes Fachgebiet geschaffen, in dem er keinen Schaden anrichten kann. Es werden aufstrebende Fachkräfte dadurch gehalten, dass man ihnen einen Koordinatoren- oder Führungsposten einrichtet, der eigentlich unsinnig ist. Und es gibt Leiter, die ihre Abteilungen wie Fürstentümer verwalten und ihre Macht an der Anzahl ihrer Mitarbeiter messen. Dementsprechend wachsen ihre Abteilungen immer weiter. Und ähnlich wie bei einer Behörde sind viele Mitarbeiter mit Aufgaben betreut, die eigentlich wegfallen könnten.

»Wasserkopf mit Stern« nennt das ZDF im Mai 2006 in einem Online-Beitrag den Speck, den DaimlerChrysler angesetzt hat: »Offensichtlich ist, dass sich nach Jahrzehnten erfolgreicher Firmenentwicklung Doppelstrukturen bei DaimlerChrysler entwickelt haben. Vor allem in der Verwaltung.

Hier schleichen sich bei einem weltweit agierenden Unternehmen, vor allem in leitenden Führungspositionen, verworrene Strukturen ein, die schwer wieder abzubauen sind.« Von der Abmagerungskur des Konzerns sind weltweit 6 000 Verwaltungsstellen betroffen. Auch beim Chiphersteller Intel geht es im Juli 2006 nach schlechten Quartalszahlen ran an den Speck. Erster Schritt von Unternehmenschef Paul Otellini: die Doppelstrukturen im Management abschaffen. Folge: Rund 1 000 Manager müssen das Unternehmen verlassen. Nicht nur seien die Posten überflüssig, sie seien zum echten Störfaktor geworden, heißt es – so das *Handelsblatt* – im Sommer 2006 dazu von Intel. Es gibt also noch eine Steigerungsform von Überflüssigkeit: Mitarbeiter als Störfaktor. Da mag man fast dankbar sein, einfach nur als überflüssig zu gelten. Wenigstens hat man das Unternehmen nicht gestört.

Was glauben Sie, wie viel Arbeitszeit in deutschen Unternehmen jedes Jahr verschwendet wird? Wie viel unsinnige Arbeit verrichtet der durchschnittliche Arbeitnehmer? Die Unternehmensberatung Proudfoot Consulting rechnet es in ihrer jährlich erscheinenden Produktivitätsstudie für das Jahr 2005 aus: 32,5 Arbeitstage pro Mitarbeiter und Jahr. »Das kann doch nicht sein!«, sagen Sie jetzt. »Bei uns machen immer weniger Mitarbeiter immer mehr!« Das stimmt. Im Jahr 2004 wurden in Deutschland noch 43 Tage verschwendet. Trotzdem schreibt das *Handelsblatt* im Juli 2006: »Produktivitätsreserven gibt es immer noch reichlich.« Unternehmen könnten viel effizienter sein, wenn sie die Vergeudung von Arbeitszeit durch ineffektive Prozesse, nutzlose Meetings oder Doppelarbeit angehen würden, so die Zeitung.

»Es ist einfacher, weniger aufwändig und viel risikoloser, ein Werk in Deutschland in zwölf Monaten um 20 Prozent produktiver zu machen als die Produktion nach Osteuropa oder nach Asien zu verlagern«, sagt Jochen Vogel, Deutschland-Chef von Proudfoot-Consulting. Sollte sich der Blick der Manager in den nächsten Jahren tatsächlich wieder verstärkt in Richtung Heimat wenden, hat das eine positive und eine negative Seite: Die Produktion wird vielleicht nicht automatisch Richtung Osten oder Richtung Asien verlagert, andererseits wird Ihr Unternehmen regelmäßig auf Diät gehen und überflüssige Mitarbeiter abspecken. Spanien macht es vor: Dort werden nur 26 Arbeitstage pro Mitarbeiter und Jahr verschwendet.

Nun könnte die Lösung darin bestehen, durch die Abteilungen zu gehen und nachzusehen, auf wen man verzichten könnte. So einfach geht es allerdings nicht: Die wenigsten überflüssigen Mitarbeiter sind als solche erkennbar. Im Gegenteil: In einem Unternehmen ist immer genau so viel Arbeit zu erledigen, wie die Anzahl der Mitarbeiter in der zur Verfügung stehenden Zeit erledigen kann. Die Frage ist nur, wie viel von dieser Arbeit dem Unternehmen nützt.

Sie müssen wissen, dass es eine Schere gibt: Die meisten Mitarbeiter von Unternehmen werden nach der Zeit entlohnt, die sie im Unternehmen verbringen. Dem Unternehmen nützen allerdings nur die Ergebnisse, die der Mitarbeiter in seiner Arbeitszeit erbringt. Naturgemäß führt diese Schere dazu, dass Unternehmen regelmäßig kontrollieren, ob mit der zur Verfügung stehenden Arbeitszeit nicht mehr Ergebnisse zu erzielen sind beziehungsweise ob die gleichen Ergebnisse mit weniger Arbeitszeit zu erreichen sind. Und da Unternehmen davon ausgehen, dass kein Mitarbeiter zugeben würde, dass er zwei Stunden am Tag Überflüssiges tut, werden Berater, die als neutral gelten, ins Haus geholt.

Nehmen wir an, eine Abteilung hat 8 Mitarbeiter, die täglich 8 Stunden arbeiten. Macht insgesamt 64 Arbeitsstunden am Tag. Wenn jeder Mitarbeiter dieser Abteilung täglich 6 Stunden produktive Arbeit und 2 Stunden überflüssige Arbeit leistet, werden täglich 48 Stunden produktive Arbeitszeit und 16 Stunden überflüssige Arbeitszeit bezahlt. Die gleiche Arbeit könnte also auch von 6 Mitarbeitern erledigt werden, die 8 Stunden produktive Arbeit erledigen. Mit einem solchen Gedankenmodell gehen die Berater auf die Suche nach überflüssiger Arbeitszeit.

Insider-Tipp: Delegieren Sie überflüssige Arbeiten
Auch Überlebenskünstler in Ihrem Unternehmen machen nicht nur Nützliches. Doch sie sind in der Lage, produktive und überflüssige Arbeiten voneinander zu unterscheiden und jederzeit von nutzlos auf produktiv umzuschalten. Die Wichtigkeit der Aufgaben, die sie gerade erledigen, nimmt exakt mit der Intensität zu, mit der sie beobachtet werden. Überflüssige Aufgaben versuchen sie so schnell wie möglich los zu werden. Und sollten sie doch einmal dabei ertappt werden, dass sie Überflüssiges tun, finden sie schlagkräftige Argumente dafür, warum die Aufgabe wichtig ist und nur von ihnen erledigt werden kann. Merke: Auch Unternehmensberater lassen sich blenden! ■

Der nachfolgende Test verrät Ihnen, ob Sie bereits zum Speck Ihres Unternehmens gehören. Wie gut sind die Arbeitsabläufe in Ihrem Unternehmen organisiert? Wie produktiv beziehungsweise unproduktiv ist Ihre Abteilung? Wie nützlich ist das, was Sie tun? Wenn Sie von den folgenden fünf Aussagen mindestens drei mit »Stimme ich zu« beantworten, sollten bei Ihnen die Alarmglocken schrillen! Sie haben ein massives Problem in Ihrem Arbeitsumfeld. Es könnte durchaus sein, dass das, was Sie gerade tun, von einem Berater als überflüssig eingestuft wird! Und dass Sie genau der Speck sind, der bei der nächsten Abmagerungskur weg soll.

3. Der Specktest: Hat Ihre Firma Übergewicht?

	Stimme ich zu	Stimme ich nicht zu
»Ich weiß nicht genau, wie viel meiner Arbeitszeit aus Sicht meines Chefs wirklich produktiv ist.«		
»Manches was ich tue, könnte ich ohne Qualitätsverlust schneller tun.«		
»Manche Abläufe in meinem Umfeld sind kompliziert und langwierig.«		
»Ich denke, dass nicht alle meine Kollegen voll ausgelastet sind.«		
»Ich nehme an vielen Konferenzen und Besprechungen teil, die nicht wirklich sinnvoll sind.«		

Analysieren Sie Ihren Nutzen

Unternehmensberater fahnden nach verschwendeter Zeit. Ein Modell, mit dem sie überprüfen, ob in Ihrem Unternehmen überflüssige Aufgaben erledigt werden, ist das Tagesablaufmodell. Im schlimmsten Fall bekommen Sie einen »Schatten« verordnet, also einen Berater, der Ihnen von morgens bis abends hinterherläuft und minutiös notiert, was Sie tun. Anschließend unterteilt er Ihre Tätigkeiten in wichtige und unwichtige Aufgaben. Er beurteilt, wie viele Ihrer Tätigkeiten produktiv für das Unternehmen waren und wie viele genauso gut hätten wegfallen können. Selbst wenn Sie keinen Schatten verordnet bekommen, wird Ihr Vorgesetzter versuchen abzuschätzen, wie viele Ihrer Aufgaben sinnvoll und nicht sinnvoll sind. In jedem Fall sollten Sie wissen, wie Sie bei einer solchen Beurteilung abschneiden würden!

Erstellen Sie Ihren eigenen Tagesablaufplan und notieren Sie alle Tätigkeiten, die Sie erledigt und die Zeit, die Sie dazu benötigt haben. Die verschiedenen Beratungsunternehmen verwenden verschiedene Modelle, die durchaus komplexer sind als das, was ich Ihnen hier vorstelle. Die Grundidee, die diesen Modellen zugrunde liegt, ist jedoch immer die gleiche. Mir geht es darum, Ihnen ein einfaches Instrument an die Hand zu geben, mit dem Sie den unternehmerischen Wert Ihrer Tätigkeiten einschätzen können. Es kennt nur folgende Kategorien:

PR = Produktiv. Die Aufgabe ist für das Unternehmen wichtig, sie entspricht Ihren Fähigkeiten und kann nicht ersetzt werden.

ÜB = Überbezahlt. Die Aufgabe könnte ersetzt und durch eine andere Person erledigt werden, die weniger kostet.

ÜF = Überflüssig. Die Aufgabe könnte komplett gestrichen werden, ohne dass dem Unternehmen etwas verloren geht.

? = Unklar. Sie sind sich nicht sicher, wie Sie die Aufgabe zuordnen sollen.

Notieren Sie alle Tätigkeiten, die Sie im Laufe eines Tages erledigen und übertragen Sie sie in Tabelle 1.

Tabelle 1: Tätigkeiten und ihr unternehmerischer Wert

Art der Tätigkeit	von bis	Dauer in Min.	Wert der Tätigkeit			
			PR	ÜB	ÜF	?

Am Ende des Tages beurteilen Sie, inwieweit die Tätigkeiten, die Sie ausgeübt haben, für Ihr Unternehmen wichtig sind. Halten Sie alle Aufgaben, bei denen Sie ein Fragezeichen notiert haben, fest, und klären Sie in den nächsten Wochen, wie die Aufgabe von Ihrem Vorgesetzten bewertet wird.

Analysieren Sie die Effektivität Ihres Teams

Mit einer weiteren einfachen Methode können Sie überprüfen, ob Sie innerhalb Ihres Teams effizient arbeiten. Vergessen Sie bitte für einen Moment die Tatsache, dass Sie angestellt sind und nach Arbeitszeit bezahlt werden. Versetzen Sie sich in die Lage Ihres Unternehmens, das Ergebnisse benötigt und versucht, Mitarbeiter so optimal wie möglich einzusetzen, damit diese Ergebnisse erzielt werden. Ich möchte Ihnen das Prinzip mit einem sehr plakativen Beispiel verdeutlichen.

Beispiel: Sie sind in der Abteilung Reklamationen des Kaufhauses Kundenfreund tätig, das auf jede Reklamation besonders zuvorkommend reagieren möchte. Entsprechend der Philosophie des Unternehmens sind in der Abteilung fünf Mitarbeiter beschäftigt. Anne S. nimmt die hereinkommenden Beschwerden auf und schreibt eine erste Antwort an die Kunden, in der sie den Eingang der Beschwerde bestätigt. Anschließend vergibt sie Aktenzeichen und erstellt Prioritäten für die Bearbeitung. Sie reicht die Akten zu ihrer Kollegin Berit K. weiter, die die Beschwerden auf Plausibilität prüft. Berit reicht den Vorgang an Claire M. weiter, die mögliche Vorschläge für Lösungen erarbeitet.

Diese Lösungsvorschläge werden bei der täglichen Besprechung Abteilungsleiter Daniel B. präsentiert. Er prüft, ob die Prioritäten richtig gesetzt wurden, die Plausibilität der Ansprüche richtig bewertet wurde und der Lösungsvorschlag der Beschwerde angemessen ist. Schließlich genehmigt er die Vorgänge oder ändert die Lösungsvorschläge. Anschließend erhält Kundensachbearbeiter Eberhard F. den Auftrag, innerhalb des Kaufhauses verfügbare Kompensationsartikel zu suchen und diese an die Kunden zu verschicken.

Für einen Unternehmensberater ist so eine Arbeitsorganisation ein gefundenes Fressen. Anne S. wird stets und immer die Wichtigkeit der Eingangsbearbeitung hervorheben, weil sonst »alles im Chaos versinken würde« und Daniel B. wird bei jedem Gespräch mit der Unternehmensleitung darauf achten, seine Kontrollfunktion als »besonders wichtig für die Zufriedenheit der Kunden« darzustellen. Trotzdem liegt hier der Verdacht nahe, dass zumindest der eine oder andere Posten dieser Abteilung eine Arbeitsbeschaffungsmaßnahme ist. Betrachten Sie die nachfolgende Grafik: Sie zeigt Ihnen, welche Personen welche Arbeitsschritte erledigen, bevor das Ergebnis »Verwandlung eines unzufriedenen Kunden in einen zufriedenen Kunden« herauskommt.

Abbildung 3: Analyse von Arbeitsschritten 1

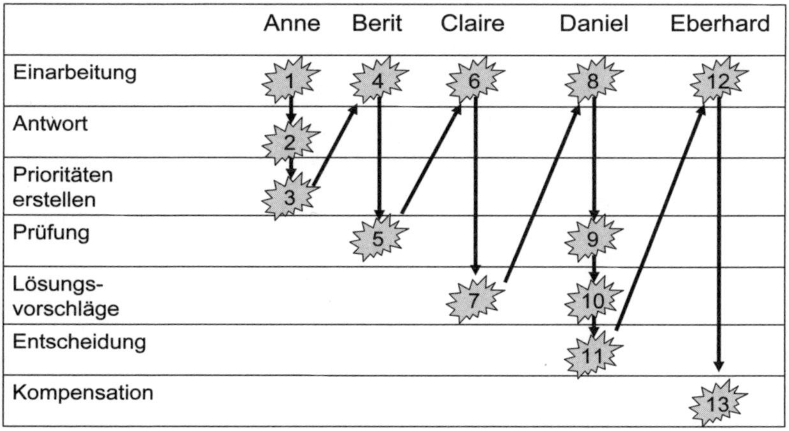

	Anne	Berit	Claire	Daniel	Eberhard
Einarbeitung	1	4	6	8	12
Antwort	2				
Prioritäten erstellen	3				
Prüfung			5	9	
Lösungs- vorschläge			7	10	
Entscheidung				11	
Kompensation					13

An einem einzigen Beschwerdevorgang sind fünf Mitarbeiter beteiligt, von denen sich jeder neu in die Materie einarbeiten muss. Vom Eingang einer Beschwerde bis zur Kompensation des Kunden sind insgesamt 13 Arbeitsschritte notwendig. Dabei werden sowohl die Ansprüche des Kunden wie auch ihre Ansprüche gleich zweimal geprüft.

✗ **Beispiel:** Ein Unternehmensberater würde zunächst die schlankste Variante wählen, die folgendermaßen aussieht: Die zwei Sachbearbeiterinnen Berit K. und Claire M. setzen ihre Prioritäten künftig selbst und übernehmen einen Vorgang vom Eingang bis zur Kompensation. Ihr Entscheidungsspielraum wird erweitert, sodass eine Prüfung durch Daniel B. entfällt. Die Kompensation der Kunden wird künftig standardisiert, sodass die Arbeit von Eberhard F. ebenfalls überflüssig wird. Die Zahl der Arbeitsschritte je Vorgang kann von dreizehn auf fünf reduziert, drei Stellen können gestrichen werden.

Abbildung 4: Analyse von Arbeitsschritten 2

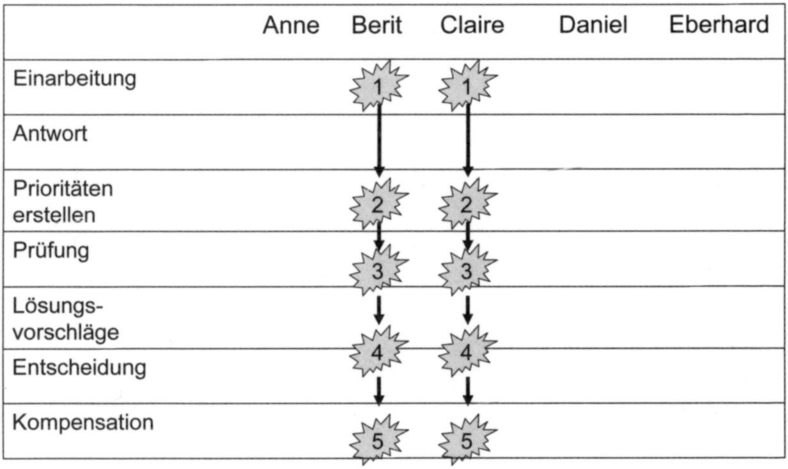

	Anne	Berit	Claire	Daniel	Eberhard
Einarbeitung		1	1		
Antwort					
Prioritäten erstellen		2	2		
Prüfung		3	3		
Lösungsvorschläge					
Entscheidung		4	4		
Kompensation		5	5		

Vielleicht werden Sie sagen: »So kompliziert läuft es doch nirgendwo mehr!« Doch es geht vor allem darum, dass Sie das Prinzip verstehen. Die Methoden der einzelnen Berater unterscheiden sich auch hier voneinander, aber im Kern geht es immer darum, überflüssige Arbeitsabläufe aufzuspüren und abzuschaffen.

So werden Sie unternehmerisch wertvoll

Noch bevor die ersten Berater in Ihrem Unternehmen auftauchen (oder Ihre Vorgesetzten auf die Suche nach Überflüssigem gehen), haben Sie Ihr Arbeitsumfeld bereits analysiert. Die folgenden fünf Punkte helfen Ihnen, zwischen nützlichen und nutzlosen Tätigkeiten zu unterscheiden. Gehen Sie folgendermaßen vor:

1. Definieren Sie das Kernprodukt, das aus der Arbeit Ihrer Abteilung entsteht. Wenn es mehrere Produkte sind, definieren Sie die wichtigsten.
2. Notieren Sie, wie viele Arbeitsschritte für die Erstellung des Produktes beziehungsweise der Produkte notwendig sind und wie viele Personen daran beteiligt sind.
3. Überlegen Sie bei jedem Arbeitsschritt, was passieren würde, wenn er wegfallen würde. Dieser Gedankenschritt ist nicht leicht, weil wir dazu neigen, bei Streichungen mögliche Nachteile sehr stark zu betonen. Wenn es darum geht, die Stelle von Daniel B. abzuschaffen, denken Sie beinahe automatisch: »Und wer garantiert die Qualität der Sachbearbeitung?« Stellen Sie deshalb auch folgende Überlegung an: Wenn Sie die Abteilung neu aufbauen würden, würden Sie

diesen Arbeitsschritt für wichtig erachten? Also: Wenn Sie ein Kaufhausbesitzer sind und eine Beschwerdeabteilung einrichten, würden Sie automatisch jemanden einstellen, der die Entscheidungen der Mitarbeiter und Mitarbeiterinnen noch einmal prüft?

4. Unterteilen Sie die Arbeitsschritte in notwendige und überflüssige. Überflüssige Arbeitsschritte sind beispielsweise Aufgaben, die doppelt erledigt werden, die zu viel Zeit kosten oder Kontrollaufgaben, bei deren Streichung nur unwesentliche Qualitätsverluste hingenommen werden müssten.

5. Bauen Sie Ihre Abteilung gedanklich neu auf, sodass nur die sinnvollen Arbeitsschritte erledigt werden. Streichen Sie überflüssige Mitarbeiter.

Und? Sind Sie überflüssig? Diese Frage ist an dieser Stelle vielleicht nicht pauschal mit Ja oder Nein zu beantworten. Doch Sie können aus dieser Analyse eine wichtige Schlussfolgerung ziehen: Wenn Sie derzeit Aufgaben erledigen, bei denen Sie nur den leisesten Verdacht haben, sie könnten entbehrlich sein, können Sie davon ausgehen, dass ein Unternehmensberater oder das Management Ihres Unternehmens Sie über kurz oder lang als überflüssig identifiziert. Sie sollten sich dieser Arbeiten schleunigst entledigen und dafür sorgen, dass Sie Aufgaben übernehmen, die nicht so leicht zu ersetzen sind.

Wenn Sie mitbekommen, dass ein Unternehmen aus Ihrer Branche mit weniger Personal auskommt als Ihr Unternehmen, sollten Sie sich diese Firma ganz genau anschauen. Ihr Chef wird es nämlich auch tun. Schauen Sie sich genau an, wie das Unternehmen beziehungsweise die Abteilung aufgebaut ist. Überlegen Sie, welche Mitarbeiter überflüssig sein werden, wenn Ihr Chef das Modell auf Ihr Unternehmen überträgt. Vielleicht stellen Sie fest, dass der Personalabbau mit hoher

Wahrscheinlichkeit Sie treffen wird. Gut, dass Sie es erkannt haben. Noch haben Sie die Möglichkeit, etwas dagegen zu tun. Nach Ihrer Entlassung ist es zu spät!

■ Analysieren Sie Ihren Tagesablauf. Spüren Sie überflüssige Aufgaben auf bevor es ein anderer tut!

■ Analysieren Sie Ihre Abteilung. Wo könnte ein Außenstehender Einsparpotenzial sehen?

■ Entledigen Sie sich überflüssiger Aufgaben. Übernehmen Sie ausschließlich produktive Tätigkeiten!

3.

Der Feind in Ihrem Kopf

Kennen Sie auch diese Fossilien des Arbeitslebens? Kollegen, die bis heute der Meinung sind, elektrische Schreibmaschinen seien Computern eigentlich überlegen? Die so sehr an ihren Gewohnheiten hängen, dass sie in Panik geraten, wenn ein Software-Update auf ihrem PC installiert wird und deren erster Kommentar lautet:»Die alte Version des Programms war irgendwie besser«? Kollegen, die schon beim Gedanken, sie müssten sich verändern, den Betriebsrat und den Betriebsarzt konsultieren?

Wir schütteln den Kopf über diese Kollegen und machen heimlich Witze. Doch Hand aufs Herz: Wie leicht fallen uns selbst Veränderungen?

Nehmen wir an, Sie haben ein halbes Jahr lang die Funktionen eines neuen Computerprogramms erlernt, nur um einen Monat später zu erfahren, dass Sie sich das hätten sparen können, weil das Computersystem ohnehin umgestellt wird, wie reagieren Sie? Reaktion A:»Es war trotzdem eine Bereicherung, dass ich das Programm lernen durfte, auch wenn es so sinnvoll ist wie Arabisch für Eskimos.« Reaktion B:»Ich liebe es, neue Computerprogramme kennen zu lernen. Hoffentlich wird das System bald wieder umgestellt.« Reaktion C:»Verdammte Sch...!«

Ohne dem Ergebnis Ihres Denkprozesses vorausgreifen zu

wollen, vermute ich stark, dass Sie zu Reaktion C tendieren. Und das hat einen einfachen Grund: Wir alle neigen dazu, einmal Erlerntes zunächst besser und sinnvoller zu finden als das Neue. Unser Kopf ist von Natur aus auf Beständigkeit und nicht auf dauernden Wandel programmiert.

Der erste Kampf ist der gegen Sie selbst!

In der bereits erwähnten CEO-Studie von IBM wurden Manager gefragt, was aus ihrer Sicht das größte Hindernis bei der Umstrukturierung von Unternehmen ist. Die Antwort: interne Blockierer. Aus Sicht des Managements sitzt der größte Feind der Veränderung in den Köpfen der Mitarbeiter: eingefahrene Denkstrukturen, unerschütterliche Meinungen und felsenfeste Überzeugungen. Als Mitarbeiter ist der erste Kampf, den Sie bei Veränderungen führen müssen, der gegen Sie selbst!

Versetzen Sie sich einen Moment in die Rolle Ihres Chefs: Wenn das Unternehmen umstrukturiert wird, ist es seine Aufgabe, Veränderungen einzuleiten und nach kurzer Zeit Erfolge zu vermelden. Eine seiner wichtigsten Aufgaben dabei ist, Mitarbeiter aus ihrer Starre zu reißen. Weil das nicht so einfach ist, wurden dafür an Hochschulen wie der Bocconi Universität in Mailand Konzepte entwickelt, die Managern bei dieser Aufgabe helfen und die ich Ihnen in diesem Kapitel vorstellen werde.

Für Sie gibt es zwei Möglichkeiten: Wenn Ihr Unternehmen umstrukturiert wird, können Sie zu denen gehören, die den Weg in die Zukunft aktiv unterstützen oder zu denen, die ihn blockieren. Auf welcher der beiden Seiten Ihre berufliche Überlebenschance größer ist, dürfte nicht schwer zu erraten sein.

Die nächste Frage lautet: Wollen Sie warten, bis Ihr Chef versucht, Sie zu Veränderungen zu bewegen? Oder wollen Sie den Kampf gegen den Feind in Ihrem Kopf selbst führen? Wenn Sie lieber selbst zur Waffe greifen (was ich Ihnen empfehle), werden Sie in diesem Kapitel eine Anleitung erhalten.

Gehirn-Modus: Autopilot

Im Laufe unseres Lebens entwickeln wir alle sehr genaue Vorstellungen davon, wie Dinge korrekt erledigt werden, welche Lösungen funktionieren und welche Ansichten richtig sind. Als Außendienstmitarbeiter bekommen Sie ein Gespür dafür, was Kunden wünschen, als Manager wissen Sie, welche Erfolgsfaktoren für Ihr Unternehmen wichtig sind, als Lehrer kennen Sie das Wissen, das Ihre Schüler brauchen und als Spediteur wissen Sie, mit welchen Abläufen Sie ein Produkt bestmöglich von A nach B schaffen.

Dieses Wissen ist Ihr größtes Kapital. Es ist gerade in unübersichtlichen Zeiten ein guter Lotse, unerlässlich, um aus dem Bauch heraus Entscheidungen zu treffen, effizient zu arbeiten und nicht den halben Tag mit Abwägungen zu verbringen. Dieses Wissen lässt sich an keiner Schule erlernen und durch nichts ersetzen. Es macht Sie einzigartig. Dass Sie auf das Kapital Ihrer Erfahrungen zurückgreifen und Ihr Wissen im Bruchteil einer Sekunde anwenden können, ist ein Wunder, dessen Entstehung zu den faszinierendsten Leistungen des menschlichen Gehirns gehört. Ich möchte es Ihnen mit einem Beispiel verdeutlichen.

✗ Beispiel: Stellen Sie sich vor, Sie fahren mit zu hoher Geschwindigkeit auf einer Landstraße. Plötzlich bemerken Sie rechts am Straßenrand eine Radarfalle. Was tun Sie? Natürlich: Sie bremsen. Aber warum? Antwort: »Weil ich zu schnell gefahren bin und keine Strafe zahlen möchte.« Das klingt logisch, trifft aber nicht den Kern. Denn es würde voraussetzen, dass Sie sich vor dem Bremsen intensiv über mögliche Konsequenzen Gedanken gemacht haben. Haben Sie das? Haben Sie innerlich abgewogen, was dieser Kasten am Straßenrand wohl zu bedeuten hat und welche Konsequenzen es hätte, wenn es gleich blitzen würde?

Wahrscheinlich nicht. Die wahre Antwort ist: Sie haben reflexartig gebremst. Sie wurden nicht von Ihrem aktiven Verstand, sondern Ihrer Erfahrung geleitet, einem schwer definierbaren Gefühl, das Ihnen gerade einige Punkte in Flensburg erspart hat.

Der »Radarfallenreflex« ist eine dieser gigantischen Leistungen unseres Gehirns, die uns im Alltag helfen zu überleben und die uns zugleich daran hindern, uns ständig auf Neues einzustellen. Versetzen Sie sich kurz in Ihre Fahrschulzeit zurück: Damals konnten Sie kaum das Gas- vom Bremspedal unterscheiden und brachten beim Abbiegen jeden zweiten Fußgänger in Lebensgefahr. Und heute? Spiegel, Blinker, Blick zur Seite, Spur wechseln, dieser Vorgang, der Sie damals an den Rand der Verzweiflung brachte, läuft vollautomatisch ab. Während Sie fast wie im Schlaf durch den Stadtverkehr fahren, können Sie über die Freisprechanlage mit Ihrem Chef telefonieren, Verhandlungen mit Geschäftspartnern führen oder sich über den schlechten Service Ihres Mobilfunkanbieters beschweren. Alle Probleme, die währenddessen im Straßenverkehr auftauchen, löst ihr Gehirn automatisch. Es greift auf Musterlösungen zurück, die es in jahrelanger Arbeit entwickelt und perfektioniert hat. Radarfalle? Bremsen!

Die Hirnforschung hat dafür Erklärungen: Unser Gehirn besteht aus rund 100 Milliarden Zellen, sogenannten Neuronen, die durch ein gigantisches Netzwerk miteinander verknüpft sind. Jede Zelle steht in direktem Kontakt mit 10 000 bis 20 000 Zellen aus anderen Teilen des Gehirns. Wenn Sie Informationen abspeichern, entstehen in Ihrem Kopf Bahnen, gigantische Zellennetzwerke, denen zum Teil komplette Aufgaben übertragen werden. Tritt ein bekanntes Problem auf, aktiviert das Gehirn diese biochemischen Verknüpfungen und die Lösung ist da.

Dieser Prozess automatisiert sich mehr und mehr und Sie bekommen immer weniger davon mit. Der Hirnforscher Gerhard Roth drückt es in einem Artikel der Zeitschrift *Gehirn und Geist* so aus: »Unser Gehirn versucht stets, Abläufe so weit wie möglich zu automatisieren (und damit aus dem Bewusstsein zu verbannen); denn dadurch wird seine Arbeit schneller, effektiver und stoffwechselphysiologisch billiger.« Anders ausgedrückt: Wenn Sie durch den Straßenverkehr fahren, schaltet Ihr Gehirn um auf Autopilot.

Die Kehrseite

Wahrscheinlich ahnen Sie bereits, dass das Wunder der Hirnautomation eine Kehrseite hat. Und Sie liegen richtig: Unser Gehirn baut im Laufe seines Lebens Lösungsmuster für eine unendlich große Zahl an Problemen auf: Die Bedienung einer Software? Gelernt! Verstanden! Läuft automatisch! Die Organisation einer Abteilung? Dreimal gemacht! Verinnerlicht! Ihr Gehirn hat nicht das geringste Interesse daran, dass Sie die mühsam aufgebauten Lösungsmuster alle paar Jahre wieder durcheinander bringen und es neue aufbauen soll.

Deshalb wehrt es sich zunächst gegen alles Neue: »Was soll der Unsinn? Ich habe vier Jahre gebraucht, um die Lösungsmuster aufzubauen, jetzt soll diese Arbeit umsonst gewesen sein?«

Eine Machtprobe. Wer setzt sich durch? Sie oder die rebellierenden Teile Ihres Gehirns? Wenn Sie nachgeben, nichts Neues mehr an sich heranlassen und sich ausschließlich auf Ihr Wissen und Ihre Erfahrungen der Vergangenheit verlassen, werden Sie zum Blockierer: Sie gehen die Probleme von heute so an wie die Probleme von gestern. Sie stellen jahrzehntelange Wahrheiten nicht infrage, weil es ja schließlich jahrzehntelange Wahrheiten sind. Und Sie verlieren den Blick dafür, dass alles auch ganz anders sein könnte. Unser Gehirn drängt geradezu darauf, dass wir einmal bekannte Lösungen nicht ständig wieder infrage stellen. In diesem Bereich ist es so flexibel wie eine deutsche Behörde. Das wissen Unternehmen und versuchen, den Feind in den Köpfen der Mitarbeiter mit allen möglichen Mitteln zu bekämpfen.

»Bekommen wir noch eine Chance oder werden wir jetzt alle entlassen?« Wenn es in Unternehmen heißt, dass Umstrukturierungen anstehen, ist dieser Gedanke naheliegend. »Die werden uns bestimmt alle rausschmeißen und neue Leute einstellen, die flexibler sind!« Ich kann Sie beruhigen. Wenn Ihr Unternehmen nicht einfach nur plump die Kosten senken will, sondern eine neue Strategie einschlägt, sind Entlassungen nicht die erste Wahl des Managements. Im Gegenteil: Das Unternehmen wird zunächst versuchen, die Mitarbeiter – so sehen es viele Chefs – »aus ihrer Starre zu reißen«.

Ich werde Ihnen die Konzepte vorstellen, die Ihre Vorgesetzten dabei anwenden. Sie sollten nicht darauf warten, bis Ihr Chef versucht, eingefahrenes Denken bei Ihnen zu verändern. Kommen Sie ihm zuvor!

So werden Veränderungen geplant

Wenn Umstrukturierungen anstehen, sehen verschlossene Türen von Konferenzräumen besonders geheimnisvoll aus. Ab und zu kommt einer derer, die die Veränderung planen, mit roten Augen aus dem Konferenzsaal, murmelt etwas von »viel Arbeit!« und schließt die Tür wieder. Was passiert da so Geheimnisvolles?

Die Planungen für eine Umstrukturierung umfassen in der Regel drei Schritte. Zunächst geht es um das klassische Postenroulette: Mitarbeiter A wird von links nach rechts versetzt, Abteilung B wird mit Teilen von Abteilung C zusammengeführt, der Rest von Abteilung C wird als eigenständige Abteilung direkt jemandem unterstellt, der zuvor für ganz andere Dinge zuständig war. Die Büros bekommen neue Türschilder und Abteilungen neue Namen.

Im zweiten Schritt werden Strukturen und Prozesse verändert: Die neu geschaffene Abteilung BC bekommt eine neue Software, die die Arbeitsabläufe noch effektiver gestaltet und die Kommunikation mit anderen Abteilungen erheblich verbessert und so weiter.

Wenn diese Planungen abgeschlossen sind, kann das Management die neue Struktur des Unternehmens erkennen und überlegen, welche Mitarbeiter den neuen Anforderungen gewachsen sind und welche nicht, wo Mitarbeiter umgeschult werden können und wo es zu Entlassungen kommt. Abbildung 5 zeigt den Ablauf von Veränderungsprozessen.

Natürlich kann es passieren, dass der Wandel im Unternehmen kopf- und planlos passiert oder dass das Management Entlassungen als Allheilmittel ansieht. Das können Sie nie ganz ausschließen. Für diese Fälle werden Sie in diesem Buch noch eine ganze Reihe von Überlebenstipps finden. Bei Umstruktu-

Abbildung 5: Veränderungsprozesse – was kann das Management tun?

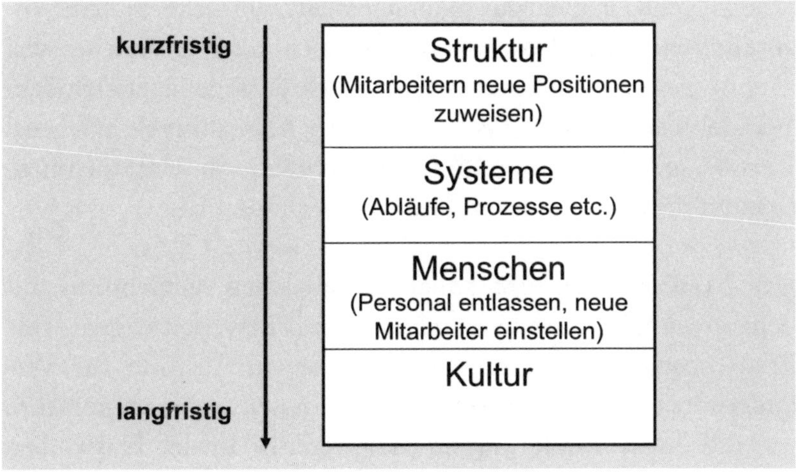

kurzfristig	**Struktur** (Mitarbeitern neue Positionen zuweisen)
	Systeme (Abläufe, Prozesse etc.)
	Menschen (Personal entlassen, neue Mitarbeiter einstellen)
langfristig	**Kultur**

rierungen, deren Ursache nicht primär Kosten sind, sondern denen eine neue Unternehmensstrategie zugrunde liegt, wird das Management vor Entlassungen jedoch zunächst fragen: Ist das Wissen, das die Mitarbeiter haben, in Zukunft noch wichtig? Können wir durch Weiterbildungsmaßnahmen die neuen Ziele erreichen? Wie veränderungsbereit sind die Mitarbeiter?

So werden Mitarbeiter zu Veränderungen bewegt

Es gibt eine Philosophie, die Grundlage des Change Management ist: »Ohne Dringlichkeit sehen Menschen keinen Grund zur Veränderung.« Mit dieser Philosophie im Hinterkopf werden Ihre Vorgesetzten zunächst versuchen, Veränderungsbereitschaft bei Ihnen zu wecken. Das folgende Beispiel wird im MBA-Studium an der Bocconi-Universität in Mailand, einer der führenden Managementschulen in Europa, gelehrt:

✗ **Beispiel:** Ein Buchhalter hat jahrelang per Hand die Buchhaltung in einer kleinen Firma gemacht. Jetzt, wo die Firma wächst, entscheidet das Management, ein SAP-System anzuschaffen. Eigentlich müsste der Buchhalter froh sein, weil es ihm die Arbeit leichter macht. Doch er widersetzt sich dem Wandel: Das Wissen, das er über Jahre angesammelt hat, wird wertlos, er verliert seine Rolle als Fachmann im Unternehmen, er muss neue Dinge lernen und wird austauschbar.

Das Management wird zunächst versuchen, gemeinsam mit dem Buchhalter die Veränderung zu bewerkstelligen. Das Erste, wonach Vorgesetzte suchen, ist ein Auslöser für Veränderungen: »Was müssen wir bei diesem Mitarbeiter tun, um ihn zur Veränderung zu motivieren?« In der klassischen Managementlehre gibt es dabei zwei Varianten:

- Der positive Auslöser: Der Buchhalter betrachtet den Wandel als wertvoll und hält die Ziele für erreichbar.
- Der negative Auslöser: Der Buchhalter hat Angst um seine Existenz und sieht, dass die Zeit gekommen ist, Dinge zu verändern.

Warten Sie nicht, bis Ihr Vorgesetzter von außen versucht, aus Ihnen die Bereitschaft zur Veränderung herauszulocken. Aktivieren Sie die Auslöser für Veränderungen, die Sie gerade kennen gelernt haben, selbst: Suchen Sie bewusst nach den Vorteilen, die Ihnen eine Veränderung bietet. Es ist normal, dass Sie Angst haben und sich ein negatives Szenario ausmalen. Die meisten Menschen allerdings denken nicht über das Worst Case Scenario hinaus. Der Veränderungstest wird Ihnen zeigen, wie starr beziehungsweise wie flexibel Ihr Denken ist. Seien Sie bei der Beantwortung der Fragen unbedingt ehrlich zu sich!

4. Der Veränderungstest: Wie sehr hängen Sie am Alten?

	Stimme ich zu	Stimme ich nicht zu	☑
Der Gedanke an Veränderungen macht mir Angst.			
Ich habe generell wenig Spaß an neuen Aufgaben und Herausforderungen.			
Ich kann mir nur schwer vorstellen, etwas anderes zu tun.			
Ich weiß nicht, ob ich neue Aufgaben bewältigen würde.			
Ein durchstrukturiertes geplantes Leben gibt mir Sicherheit.			

Wenn Sie zwischen drei- und fünfmal zustimmen, brauchen Sie dringend Auslöser, um sich zu verändern. Motivieren Sie sich selbst! Malen Sie sich in Gedanken Ihre neuen Aufgaben aus, überlegen Sie, welchen Beitrag Sie leisten können, damit der neue Weg im Unternehmen erfolgreich wird. Wenn es mit dem positiven Auslöser nicht klappt: Nehmen Sie den negativen Auslöser, bevor es jemand anders tut! Machen Sie sich bewusst, was Sie zu verlieren haben, wenn Sie sich nicht gemeinsam mit Ihrem Unternehmen verändern. Und überlegen Sie genau, was Sie tun müssen, um mit der Veränderung Schritt zu halten: Auf welche Ihrer bisherigen Kompetenzen können Sie aufbauen? Was müssen Sie hinzulernen? Welche neuen Fähigkeiten werden Sie benötigen? Machen Sie sich immer wieder die Alternative deutlich: Ihre Entlassung!

Thinking out of the Box: Programmieren Sie Ihren Kopf auf Veränderung!

Im ersten Kapitel dieses Buchs haben Sie gelernt, Krisen zu erkennen. Sie haben damit einen Wissensvorsprung, der nicht zu unterschätzen ist. Natürlich können Sie die Zukunft unmöglich genau vorhersagen, doch mithilfe der Managementtechniken, die Sie kennen gelernt haben, sind Sie in der Lage zu erkennen, in welche Richtung sich das Unternehmen bewegen wird. Im ersten Teil dieses Kapitels haben Sie erfahren, warum Sie nicht gleich vor Freude in die Luft springen und rufen: »Juhu! Endlich Veränderungen!!« Ich werde Ihnen jetzt Techniken vorstellen, die Sie anwenden können, um Veränderungsprozesse in Ihnen selbst in Gang zu setzen. Eine sehr effektive Methode, die ich im Training mit Führungskräften und Unternehmen immer dann anwende, wenn es darum geht, konventionelles Denken für eine Zeit außer Kraft zu setzen, heißt »Thinking out of the Box«.

Die Box ist ein Synonym für den Kasten, in dem sich Ihr Denken bewegt: innerhalb fester Wände, die aus Ihren Überzeugungen, offiziellen und inoffiziellen Regeln, Wahrheiten darüber, wie bestimmte Dinge funktionieren und Informationen bestehen. Ich werde Ihnen die Box näher vorstellen und Ihnen zeigen, wie Sie sie verlassen können.

Die vier Faktoren, die in Abbildung 6 als Denkmauern bezeichnet werden, beeinflussen Ihr Denken positiv und negativ zugleich. Im Prinzip sind Überzeugungen, Wahrheiten, Regeln und Informationen etwas Positives. Wir brauchen sie, um uns zu orientieren: Sie geben einem Menschen Charakter, einer Gemeinschaft Werte und einer Gesellschaft Orientierung. Werden sie jedoch zu dominant, schränken sie das Denken ein.

Abbildung 6: Denkmauern

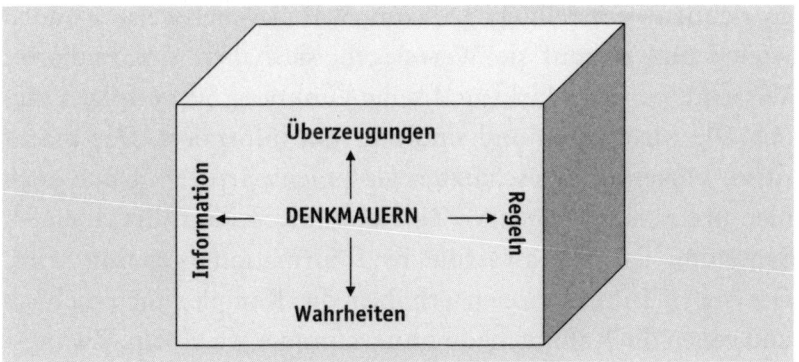

Überzeugungen Wenn Sie sich zu bestimmten Dingen eine Meinung gebildet haben, werden daraus im Laufe der Zeit Überzeugungen. Sie waren fünfmal der Meinung, dass ein Politiker bei Wirtschaftsfragen schlecht entschieden hat. Daraus wird die Überzeugung: Der Mann versteht nichts von Wirtschaft.

Wahrheiten Ein altes Sprichwort lautet: »Wahrheit ist eine Halluzination, auf die sich die Mehrheit verständigt hat.« Beispielsweise: »Unsere Kunden sind so und so.«, »Der Markt verlangt das und das.« oder »Der Trend geht in die und die Richtung.« Dominante Wahrheiten versperren den Blick dafür, dass alles auch ganz anders sein könnte.

Regeln Offizielle und inoffizielle Regeln sind beispielsweise Vereinbarungen in Ihrer Stellenbeschreibung. Sie geben Ihnen das Gefühl von Sicherheit, weil sie Ihnen einen Rahmen geben, in dem Sie sich bewegen können. Im Kapitel *Sind Sie überflüssig?* haben Sie festgestellt, dass diese Regeln für Sie zur Falle werden können: nämlich dann, wenn sie vollkommen unproduktive Tätigkeiten festlegen.

Informationen Viele Mitarbeiter in Unternehmen haben ausgezeichnete Vorstellungen davon, was beispielsweise Kunden wollen und worauf sie Wert legen, sie haben ein fundiertes Wissen über den Markt und seine Funktion. Sie verfolgen täglich alle Meldungen und sind sehr gut informiert. Das macht sie zu klugen und geschätzten Gesprächspartnern. Doch auch hier gibt es eine Kehrseite: Zu viel Information führt zu einem Symptom, das »Paralysation by Information« genannt wird. Die vielen Informationen erhöhen die Komplexität erheblich und engen die Rahmenbedingungen immer weiter ein. Zwangsläufig entstehen Denkmauern.

Die folgenden sechs Schritte zeigen Ihnen, wie Sie Ihre Denkmauern erkennen und durchbrechen, Ihre Box verlassen und sich außerhalb Ihrer Denkmuster bewegen können.

Schritt 1: Experience the Box

Der erste Schritt ist, Ihre eigenen Denkblockaden zu erkennen. Das ist – wie Sie schnell feststellen werden – nicht einfach. Üblicherweise machen Sie sich über die Grenzen Ihres Denkens kaum Gedanken. Sie hören einfach auf zu denken. Um Ihre Denkmauern kennen zu lernen, notieren Sie zunächst die Ausgangssituation, mit der Sie konfrontiert sind. Anschließend beantworten Sie die folgenden vier Fragen:

1. Was sind meine Überzeugungen in Bezug auf die Situation?
2. Was sind die Wahrheiten der Branche in Bezug auf die Situation?
3. Welche Regeln halten mich davon ab, frei und offen über die Situation nachzudenken?

4. Welche Informationen über die Situation blockieren mich im Denken?

Beispiel: Franz P., Mitarbeiter eines Chemiekonzerns, erfährt aus der Zeitung, dass asiatische Anbieter neue Fabriken aufbauen, um den europäischen Unternehmen Konkurrenz zu machen. Vor allem das Produkt, für das er gemeinsam mit 15 weiteren Kollegen in der Kundenbetreuung zuständig ist, soll in großen Mengen hergestellt werden. Franz P. achtet auf die schwachen Signale (siehe Seite 21), die sich immer mehr verstärken und ist nach wenigen Wochen davon überzeugt, dass sein Arbeitgeber auf eine Krise zusteuert. Es ist klar, dass auf ihn Veränderungen zukommen werden. Franz P. schreibt seine Denkmauern nieder:

Überzeugungen »Die Konkurrenz wird uns die Kunden wegnehmen. Kunden kaufen nun mal beim billigsten Anbieter, da haben wir keine Chance.«

Wahrheiten »Das Produkt ist vollkommen austauschbar. Wir haben keine Möglichkeit, es so zu verändern, dass es besser als das der Konkurrenz ist.«

Regeln »Ich bin nur für die Kundenbetreuung zuständig. Um die Entwicklung von neuen Servicedienstleistungen kümmert sich eine andere Abteilung.«

Informationen »Wir haben sehr viele Daten über die Bedürfnisse unserer Kunden. Einen großen Zusammenhang kann da niemand erkennen.«

Schritt 2: Leave the Box

Stellen Sie Ihre Überzeugungen und die sogenannten Wahrheiten über Ihren Markt, Ihr Produkt und Ihre Kunden gezielt infrage und verlassen Sie so den bisherigen (Denk-)Kasten. Fragen Sie sich:

■ Warum kann nicht das Gegenteil von meinen Überzeugungen der Fall sein? Wie würde das aussehen?

■ Welche Alternativen gibt es zu den bekannten Wahrheiten in unserer Branche? Was wäre, wenn alles ganz anders wäre?

■ Wie würde ich handeln, wenn ich die bestehenden Regeln außer Kraft setzen könnte?

■ Wie würde ich denken, wenn ich die vielen detaillierten Informationen nicht hätte?

Wenn Sie die Box verlassen, erweitern Sie den Rahmen Ihres Denkens und öffnen sich für neue Ansichten und Denkweisen. Damit schaffen Sie wichtige Voraussetzungen für den weiteren Denkprozess!

✗ Beispiel: Franz P. stellt seine Denkmauern bewusst infrage:

Denken »In the box«	Denken »Out of the Box«
■ Unser Unternehmen produziert ein Produkt, das austauschbar ist und über keine Differenzierungsmöglichkeiten verfügt.	■ Wer sagt, dass diese Wahrheit in Stein gemeißelt ist?
■ Für die Entwicklung von Produkten und Dienstleistungen sind andere zuständig.	■ Na und? Am Ende steht mein Job auf dem Spiel.
■ Der Markt ist so komplex, da blickt niemand durch.	■ Es gibt immer einfache Lösungen.

Schritt 3: Look around the Box

Schauen Sie sich in der Welt außerhalb Ihrer Box um. Stellen Sie sich folgende drei Fragen:

■ Wenn ich die Probleme meiner Firma oder meiner Abteilung verallgemeinere, welche Unternehmen befinden sich in einer ähnlichen Situation?
■ Welche Lösungen haben diese Unternehmen entwickelt?
■ Wie haben sich die Aufgaben von Mitarbeitern in diesen Unternehmen verändert?

Beispiel: Franz P. verallgemeinert das Problem und überlegt sich, wie andere große Unternehmen reagiert haben, als sie von Billiganbietern angegriffen wurden. Wie schützen sich große Computerhersteller gegen Billigkonkurrenz? Was tun deutsche Handwerksunternehmen, die gegen preiswerte Mitbewerber aus Osteuropa bestehen müssen? Er sucht gezielt nach Informationen im Internet, die diese Frage behandeln und stößt auf mehrere Artikel, die vorhersagen, dass das Geschäft der großen Industrieunternehmen und auch des deutschen Mittelstands mehr und mehr Beratung und Problemlösung sein wird.

Dieser Schritt schärft Ihren Blick für andere Blickwinkel und für andere Lösungen außerhalb Ihrer Branche. Damit tanken Sie das auf, was ich den »kreativen Arbeitsspeicher« nenne. Neue Ideen entstehen oft durch die Kombination von Bekanntem: Ein Teil der Lösung des einen Problems kombiniert mit Ideen für ein anderes Problem, übertragen auf Ihre Situation. Wenn Sie Ihren kreativen Arbeitsspeicher auftanken, kommen Sie schneller auf Ideen, wie sich Ihre Aufgaben in Zukunft verändern könnten und was Sie tun können, um zukunftsorientiert zu denken.

Schritt 4: Think outside the Box

Im vierten Schritt begeben Sie sich auf eine Gedankenreise außerhalb Ihrer üblichen Denkmauern. Überlegen Sie sich, welche konkreten Auswirkungen Veränderungen haben könnten. Und überlegen Sie, welche Ihrer bereits vorhandenen Fähigkeiten für Sie dabei hilfreich sein könnten.

Fragen Sie sich konkret:

- Wie könnte mein Arbeitsbereich aussehen, wenn sich das Unternehmen verändert?
- Was kann ich tun, um die Veränderung zu unterstützen?
- Welche Aufgaben könnte ich übernehmen?
- Was müsste ich in den nächsten Wochen und Monaten dazulernen?

Beispiel: Franz P. überlegt sich: »Nehmen wir an, das Geschäft der Zukunft ist tatsächlich Beratung und Problemlösung. Welche Probleme haben unsere Kunden? Und was kann ich dazu beitragen, diese Probleme zu lösen?« Dabei stößt er auf das Thema Logistik. Franz P. war vor einigen Jahren für ein großes Logistikunternehmen tätig und übernahm dort die Planung. In seinem jetzigen Job war dies bislang nicht wirklich wichtig gewesen, doch jetzt – so überlegt er – könnte es zusätzliche Bedeutung erlangen.

Sie merken, dass es ab sofort immer konkreter wird. Das ist das Ziel: Ihre Gedankenreise soll nicht im Allgemeinen enden, sondern ein Bild von der Zukunft bei Ihnen hervorrufen, das so konkret wie möglich ist. Im nächsten Schritt wird es noch greifbarer.

Schritt 5: Act outside the Box

Überlegen Sie sich ganz genau, was Sie tun würden, wenn sich die Anzeichen für eine Veränderung bestätigen. Erarbeiten Sie einen Plan, den Sie im Idealfall nur noch aus der Schublade ziehen müssen. Machen Sie diesen Plan so eindeutig und detailliert wie möglich.

Beispiel: Franz P. schreibt nicht: »Im Falle einer Veränderung könnte ich mich mit Logistikberatung beschäftigen.« Sondern: »Wenn in unserem Unternehmen Gedanken laut werden, dass sich die Firma verändern muss, werde ich zu meinem Vorgesetzten gehen und ihm vorschlagen, ein Pilotprojekt zur Logistikberatung zu initiieren. Ich werde ihm fünf Kunden, ihre Probleme und Lösungsmöglichkeiten nennen.«

Schritt 6: Return to the Box

Wie bereits erwähnt, Sie befinden sich auf einer Gedankenreise. Kehren Sie zwischendurch immer wieder zurück in die reale Welt! Wichtig ist nicht, dass Sie sich zum jetzigen Zeitpunkt bereits darauf festlegen, was Sie tun würden, wenn das Unternehmen in eine Veränderungsphase kommt. Das kann niemand wirklich vorhersagen. Viel wichtiger ist, dass Sie sich gedanklich mit der Veränderung auseinandersetzen und verschiedene Szenarien positiv und konstruktiv im Kopf durchspielen.

Beispiel: Franz P. hat sein Zukunftsszenario in der Schublade liegen: Sobald das Thema »Billiganbieter aus Asien« im Unternehmen aufkommt, wird er seine Gedanken präsentieren und das Projekt vorschlagen.

Probieren Sie es auch! Sie werden sehen, dass Sie sich weniger und weniger gegen Veränderungen sperren, je mehr Sie sich damit beschäftigen. Und Sie werden spüren, dass Ihre Angst vor der Zukunft abnimmt.

Behalten Sie Ihr neues Denken nicht für sich

Sie haben die verschiedenen Phasen des Veränderungsprozesses kennen gelernt. Sie wissen, wie Sie Ihre Denkblockaden lösen können. Zeigen Sie Ihren Vorgesetzten frühzeitig, dass Sie bereit sind zur Veränderung! Demonstrieren Sie, dass Sie dabei sind, sich über Fähigkeiten, die morgen wichtig sind, Gedanken zu machen. Wenn Sie die Möglichkeit haben, in das Team aufgenommen zu werden, das die Veränderung plant und umsetzt, tun Sie es! Vielleicht fragen Sie sich an dieser Stelle: Reicht denn mein Wissen aus, um nach der Veränderung ganz vorne mit dabei zu sein? Die Antwort: Gut möglich, denn Ihre Kollegen haben das gleiche Problem. Auch sie müssen umdenken, neue Fähigkeiten lernen und sich von lieb gewonnenen Überzeugungen verabschieden.

Die Veränderung in Ihrem Unternehmen wird das Leistungsgefüge zwischen Ihnen und Ihren Kollegen durcheinanderwürfeln. Ich möchte Ihnen ein einfaches Schema vorstellen, nach denen Vorgesetzte Mitarbeiter einstufen. Überlegen Sie, in welchem der vier Quadranten Sie sich jetzt befinden.

Anschließend werde ich Ihnen zeigen, wie sich Ihr Status verändern wird.

Abbildung 7: Mitarbeitertypen

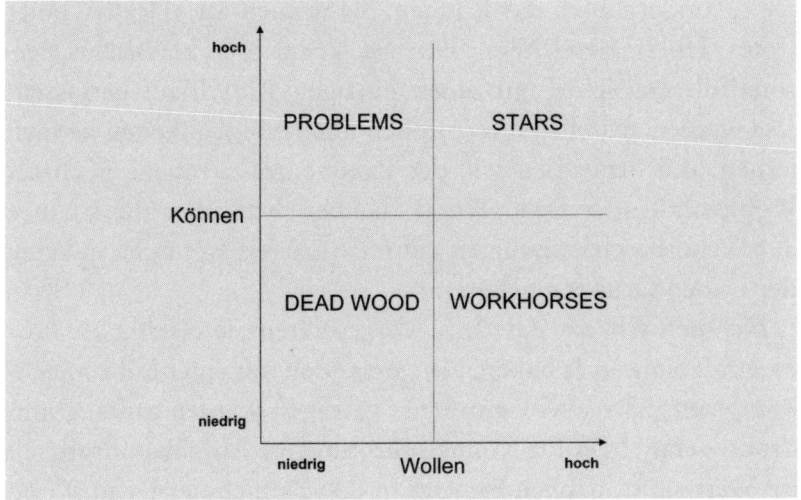

Quelle: George S. Odiorne, 1984

Mitarbeiter, deren Können und Wollen besonders groß ist, gelten als Stars eines Unternehmens. In den meisten Firmen gibt es nicht mehr als zehn Prozent der Mitarbeiter, die als Stars bezeichnet werden. Sie sind die Leistungsträger, die es aus Management-Sicht zu halten gilt.

Mitarbeiter, die gewillt und motiviert sind, deren Können aber noch nicht so groß ist, gelten als »Workhorses« (Arbeitspferde). Der Begriff klingt zwar nicht sehr nett, drückt aber Anerkennung dafür aus, dass diese Mitarbeiter einen Großteil der Arbeit machen. Bei ihnen lautet die klare Strategie: weiterbilden und entwickeln.

Mitarbeiter, die zwar über ein großes Können verfügen, jedoch nicht wirklich wollen, werden als Problemfälle bezeichnet: Sind sie motivierbar, werden sie in der Regel im Unternehmen gehalten, wenn nicht, wird das Management früher oder später darüber diskutieren, ob sie entlassen werden.

Und dann gibt es Mitarbeiter, denen nicht nur das Wollen fehlt, sondern auch das Können. Sie werden als »Dead Wood« (totes Holz) bezeichnet. Für sie kennt die klassische Personalführungslehre nur einen einzigen Ratschlag: entlassen. (Sie werden später in diesem Buch noch Möglichkeiten kennen lernen, mit Strategien wie der Pandabären-Strategie auch als Problemfall oder Dead Wood zu überleben, aber die Chance auf Weiterbeschäftigung ist definitiv größer, wenn Sie in keine der beiden Gruppen gehören.)

Nehmen wir an, dass Ihre Vorgesetzten Sie bislang als Problemfall eingestuft haben, also jemanden mit einer hohen Fachkompetenz, der aber zum Jagen getragen werden muss. Dann droht Gefahr! Da Ihr Können für künftige Aufgaben drastisch im Wert sinkt, drohen Sie jetzt in den Bereich des Dead Wood abzurutschen! Signalisieren Sie deshalb deutlich, dass Sie die Veränderung mittragen. Wenn Sie es positiv formulieren und sagen, dass Sie das Neue als einen reizvollen Impuls empfinden, werden Ihre Vorgesetzten Sie mit hoher Wahrscheinlichkeit rechts unten – also bei den Workhorses – einordnen. Sie besitzen zwar noch nicht das Können, das für Ihre künftigen Aufgaben wichtig ist, aber das Wollen. Betonen Sie immer wieder, dass das neue Wissen sehr gut auf Ihren Erfahrungen aufbaut! Dann vereinen Sie drei positive Attribute: Erfahrung, den Willen zur Veränderung und die Aussicht auf ein fundiertes Können.

- Ihr Gehirn ist von Natur aus auf Stabilität und nicht auf Veränderungen programmiert.
- Trainieren Sie »Thinking out of the Box« und suchen Sie nach Auslösern für Veränderungen!
- Motivieren Sie sich zur Veränderung und teilen Sie das Ihrem Chef unbedingt mit!

4

Vorsicht Kompetenzfalle!

»Auf mein Know-how kann die Firma nicht verzichten.« – »Ich bin den anderen doch meilenweit überlegen.« – »Meine Erfahrung, die müssen sich andere erst einmal erarbeiten.« Kennen Sie Kollegen, die vor Selbstbewusstsein strotzend ihre Qualitäten betonen und sich sicher sind, dass es sie niemals treffen wird? Einer dieser Kollegen, die ich kennen gelernt habe, setzte stets noch einen drauf: »Ich habe so viele Angebote, ich kann überall anfangen.« Es kam schließlich der Tag, an dem das Unternehmen bereit war, auf das wertvolle Know-how dieses Kollegen zu verzichten. Und was taten die anderen Unternehmen? Die, die angeblich trommelnd vor der Haustür des Kollegen standen und auf ihn warteten? Nichts. Die vielen Unternehmen – wenn es sie denn jemals gegeben hat – waren ebenfalls bereit, auf dieses einzigartige Fachwissen zu verzichten.

Was war passiert? Der Kollege war in seinem Fach wirklich ein Experte. Er konnte Dinge, die andere nicht konnten, er hatte ein Gefühl für seine Arbeit, das andere nicht hatten. Es gab nur ein Problem: Er – und einige Kollegen mit Fachverstand – erkannten zwar die hohe Qualität seiner Arbeit. Andere jedoch nicht. Es war, als ob ein Heldentenor und ein Laie miteinander um die Wette singen und die Jury den Unterschied nicht erkennt. Für den Kollegen eine bittere Erkenntnis:

Das letzte Mal, als ich von ihm hörte, saß er arbeitslos in einer Sozialwohnung vor den Toren Münchens; und seine ehemaligen Kollegen, denen er fachlich zum Teil weit überlegen war, hatten weiterhin Arbeit.

Kompetenz ist nicht alles

Der Kollege war einem schweren Fall akuter Selbsttäuschung erlegen. Er pochte auf Qualitäten, die keiner erkannte und vernachlässigte andere Qualitäten, die für den oberflächlichen Betrachter (und machen Sie sich nichts vor: viele – auch Vorgesetzte – betrachten Dinge oberflächlich) sofort erkennbar waren. Er war häufiger ein paar Minuten zu spät. Er machte seine Arbeit gut, brauchte dafür aber etwas länger. Und er sprach stets von seiner langjährigen Erfahrung, die für das Unternehmen wertvoll sei. War sie aber nicht: Er war deutlich über 40 in einem Beruf, in dem der Altersschnitt bei Anfang 30 lag. Er war in die Kompetenzfalle getappt. Er glaubte, dass ihm das Fachwissen, das er selbst bei sich erkannte und das ihm von Fachkollegen zugesprochen wurde, seinen Arbeitsplatz sichert. Die Annahme war falsch. Denn im Beruf kommt es nicht darauf an, ob Sie oder Ihr Kollege von nebenan fachlich kompetenter sind. Es kommt nur darauf an, wie viel Kompetenz Ihr Chef Ihnen zuspricht beziehungsweise zusprechen will.

Inkompetente Chefs sind blind für Kompetenz

Anfang 2006 veröffentlichten die Psychologen David Dunning von der amerikanischen Cornell University und Justin Kruger von der Stern School of Business der New York University im *Harvard Business Review* eine interessante Studie über inkompetente Chefs. Das Ergebnis sollte Ihnen zu denken geben: In Unternehmen gibt es viele Vorgesetzte, die von der Materie so wenig wissen, dass sie Kompetenz bei anderen nicht erkennen können. Was hilft es Ihnen, wenn Sie in der Lage sind, weitsichtig zu denken, Ihr Chef jedoch ausschließlich kurzfristig denkt? Was bringt es, wenn Sie im Rahmen der Qualitätskontrolle wesentlich sorgfältiger sind als Ihr Kollege, Ihr Vorgesetzter jedoch ohnehin keine Ahnung davon hat, was Sie da genau tun? Im schlimmsten Fall misst er Kompetenz anhand der Schnelligkeit der Qualitätskontrolle und da unterliegen Sie. Denn Gründlichkeit kostet Zeit.

Um Ihren Arbeitsplatz zu sichern, müssen Sie herausfinden, was einen Mitarbeiter für einen Vorgesetzten wertvoll macht. Fragen Sie sich: Was genau ist sein Wertesystem? Worauf achtet er? Welche Maßeinheiten hat er sich zurechtgelegt? Vielleicht sind Sie stolz darauf, die freundlichste Kassiererin zu sein, die mit ihrer warmherzigen Art dafür sorgt, dass die Kunden gerne wiederkommen. Aber hält Ihr Chef das ebenfalls für wichtig? Oder vertieft er sich gerne in Zahlen, die die Arbeitsgeschwindigkeit der einzelnen Kassiererinnen festhalten?

Viele Mitarbeiter versuchen, ihren Chef zu erziehen. Geben Sie sich keine Mühe! 90 Prozent aller Führungskräfte sind von dem, was sie denken, grundlegend überzeugt. Zu versuchen, sie umzuerziehen käme dem Versuch gleich, aus dem Papst einen Moslem zu machen.

An dem folgenden Beispiel sehen Sie, dass auch der Arbeitsplatz eines Journalisten nicht alleine dadurch sicher ist, dass er eine fundierte Ausbildung hat.

✗ **Beispiel:** Viele Nachrichtensprecher beim Radio sind felsenfest davon überzeugt, dass ihre fundierte journalistische Ausbildung sie zu besseren Nachrichtenredakteuren und -sprechern macht. Sie nehmen an, dass die Qualität, die sie liefern, einzigartig ist und vom Hörer auch so wahrgenommen wird. Dummerweise werden Nachrichten nicht mit dem Qualitätssiegel »von ausgebildeten Journalisten zusammengestellt und präsentiert« gesendet. Und so gibt es Redaktionen, in denen die Nachrichten von einem Schauspieler zusammengestellt und präsentiert werden.

»Das darf nicht sein«, brüllt der Deutsche Journalistenverband, »das ist das Ende des Journalismus.« Die, die so argumentieren, übersehen einen wichtigen Fakt: Der Schauspieler ist in seiner Rolle als Nachrichtensprecher genauso perfekt und überzeugend wie am Theater als Hauptmann von Köpenick. Seine Präsentation übertrifft die der meisten ausgebildeten Journalisten um ein Vielfaches. Und woran messen Hörer die Kompetenz eines Nachrichtensprechers? Eine Studie hat es herausgefunden: an der Stimme.

Was heißt schon kompetent?

Das Beispiel soll Ihnen deutlich machen, dass das, was Sie unter Kompetenz verstehen, nicht das Gleiche sein muss, was Ihr Vorgesetzter als Kompetenz betrachtet. Es kann sogar sein, dass Sie als Inkompetenter mehr Überlebenschancen im Job haben als ein Kompetenter, nur weil sie besser in das Bewertungsschema Ihres Vorgesetzten passen. Um diese Erkenntnis kommen Sie selbst dann nicht herum, wenn Sie durchschaut haben, dass Ihr Vorgesetzter vollkommen inkompetent ist. Im Gegenteil: Gerade dann müssen sie sein Bewertungsschema kennen! Unter Umständen achtet er auf Dinge, die für den Fortbestand des Unternehmens vollkommen unwichtig sind.

✗ Beispiel: Verkäufer Julius P. kommt zehn Minuten zu spät zu einem Meeting mit der Geschäftsleitung. Er ist stolz, denn gerade hat er einen dicken Fisch an Land gezogen: Einen Großkunden, der nach monatelanger Arbeit einen Vertrag unterschrieben hat. Statt seinen eifrigen Verkäufer zu loben, rügt der Geschäftsführer Julius P. für die Verspätung: »Und wenn Sie Gott am Telefon haben, Pünktlichkeit geht vor.«

Im schlimmsten Fall kann es Julius P. passieren, dass sein Chef ihn als unzuverlässig einstuft. Wie schwer es ist, der Konkurrenz einen Großkunden abzujagen, kann er nicht beurteilen: Schließlich hat er nie als Verkäufer gearbeitet. Lernen Sie deshalb unbedingt das Bewertungsschema Ihres Chefs kennen!

Vielleicht sagen Sie sich, dass Ihr Vorgesetzter auf die falschen Dinge achtet und seine Inkompetenz dem gesamten Unternehmen schadet. Es mag sogar sein, dass Sie Recht haben. Doch was wollen Sie – das Unternehmen retten oder Ihren Arbeitsplatz?

Lernen Sie Ihre wichtigen Stärken kennen!

Wie in den Kapiteln zuvor lernen Sie nun Methoden aus dem Management kennen, die Ihnen helfen, Ihren Platz in Ihrer Firma zu finden und zu halten. Manager analysieren ihr Unternehmen ständig. So fragen sie zum Beispiel, ob das Unternehmen seine Stärken richtig nutzt oder vielleicht Stärken aufgebaut hat, die vollkommen überflüssig sind. Ich möchte Ihnen das Prinzip mit einem kurzen Beispiel erläutern:

✗ Beispiel: Die Malerei Kunstmann hat sich darauf spezialisiert, Innenräume alter Gebäude liebevoll zu gestalten. Der Betrieb war die erste Wahl, als es darum ging, die Wände des barocken Stadtschlosses zu restaurieren und die Basilika der Kirche zu streichen. Malermeister K. hat mehrere Preise gewonnen und ist stolz darauf, dass sein Betrieb in der gesamten Region die höchsten Qualitätsauszeichnungen erhalten hat. Als ein neues Industriegebiet in der Stadt gebaut wird, beteiligt er sich an den Ausschreibungen. Er verweist auf die vielen Auszeichnungen und die hohe Qualität der Malerei. Den Auftrag jedoch bekommt am Ende die Firma Schlampig, die hauptsächlich Lehrlinge und Leiharbeiter beschäftigt.

Was ist passiert? Malermeister K. hat schlichtweg die falschen Stärken betont. Seine jahrelange Erfahrung als Qualitätsmaler war nicht gefragt, der Bauherr wollte das Projekt so kostengünstig wie möglich abwickeln. Versuchen Sie, dieses Beispiel auf sich selbst anzuwenden. Setzen Sie auf die richtigen Stärken? Ist das, worin Sie besonders gut sind, auch das, was Ihr Chef als wertvoll erachtet? Wie stehen Sie zu den folgenden fünf Aussagen?

5. Der Stärkentest: Setzen Sie auf das Richtige?

	Stimme ich zu	Stimme ich nicht zu	
Mein Chef weiß überhaupt nicht, was er an mir hat.			
Mein Chef hat keinen Blick für Qualität.			
Mein Chef achtet auf die falschen Dinge.			
Erfahrung zählt bei meinem Chef nicht.			
Mein Chef kommt aus einem anderen Fachgebiet als ich.			

Wenn Sie mehr als dreimal zugestimmt haben, setzen Sie mit hoher Wahrscheinlichkeit auf die falschen Stärken. Ich sage bewusst: *Sie* setzen auf die falschen Stärken. Denn egal, wie sehr Sie im Recht sind, egal ob Ihr Vorgesetzter wirklich falsch liegt, Sie kommen an folgenden Tatsachen nicht vorbei: Er ist der Chef. Er bestimmt, was gut und was schlecht ist. Und er entscheidet letztendllich, ob Sie Ihren Arbeitsplatz behalten oder nicht.

Fazit: Kompetenz ist nicht immer das Wichtigste!

Es klingt absurd, aber es stimmt: Sie müssen nicht übermäßig kompetent sein, damit Ihr Chef Sie als guten Mitarbeiter einstuft. Das Einzige, was Sie unbedingt tun müssen, ist, Ihr Wertesystem mit seinem in Einklang zu bringen. Und das funktioniert, indem Sie das gleiche Werkzeug anwenden, das das Topmanagement auf der Suche nach bedeutenden Schwächen und überflüssigen Stärken eines Unternehmens und seiner Mitarbeiter anwendet.

Im ersten Schritt notieren Sie alle Eigenschaften und Kenntnisse, die Sie zur Erfüllung Ihrer täglichen Aufgaben benötigen. Anschließend bewerten Sie sie Punkt für Punkt nach folgenden Kriterien: Für wie wichtig halten Sie die Eigenschaft oder Fähigkeit? Und für wie wichtig hält Ihr Vorgesetzter diese Eigenschaft oder Fähigkeit, was meinen Sie? Vergeben Sie Punkte: Ein Punkt bedeutet »nicht so wichtig«, fünf Punkte »sehr wichtig«. Die Tabelle auf der folgenden Seite zeigt Ihnen beispielhaft einige Fähigkeiten einer Sekretärin oder Assistentin und ihre teilweise unterschiedliche Bewertung beider Seiten.

Tabelle 2: Fähigkeiten einer Sekretärin und ihre Bedeutung beim Chef

Bedeutung beim Mitarbeiter	Fähigkeit	Bedeutung beim Chef
XXXXX	Zuverlässige Terminplanung	XXXXX
XXXXX	Selbstständiges Erarbeiten der Korrespondenz	XXXXX
XXX	Entwicklung neuer Ideen für PowerPoint-Präsentationen des Chefs	XXXXX
X	Ohr ins Team, Gespür für Stimmungen	XXXXX
XX	Erinnerung an private Termine	XX
XXXXX	Freundlichkeit gegenüber Mitarbeitern	XXX
XXXXX	Gestaltung der Räumlichkeit: Grüner Daumen fürs Büro	X

Das Ergebnis können Sie in eine Matrix übertragen, die in ähnlicher Form von Unternehmen verwendet wird, wenn es darum geht, Ressourcen und Fähigkeiten der Firma zu analysieren.

Vielleicht werden Sie feststellen, dass vieles, von dem Sie glauben, dass es Sie wertvoll macht, nichts weiter als eine Selbstverständlichkeit ist. Es ist selbstverständlich, dass eine Sekretärin Mitarbeitern gegenüber freundlich ist und die Blumen im Büro pflegt. Für den Vorgesetzten wird es erst dann wichtig, wenn es nicht funktioniert, also dann, wenn es Beschwerden über die Sekretärin gibt oder ein Geschäftspartner sich über die vertrockneten Pflanzen im Büro wundert. Mit diesen Selbstverständlichkeiten können Sie nicht punkten, aber

Sie verlieren an Ansehen, wenn Ihr Chef Sie darauf ansprechen muss.

Abbildung 8: Chef-Mitarbeiter-Matrix

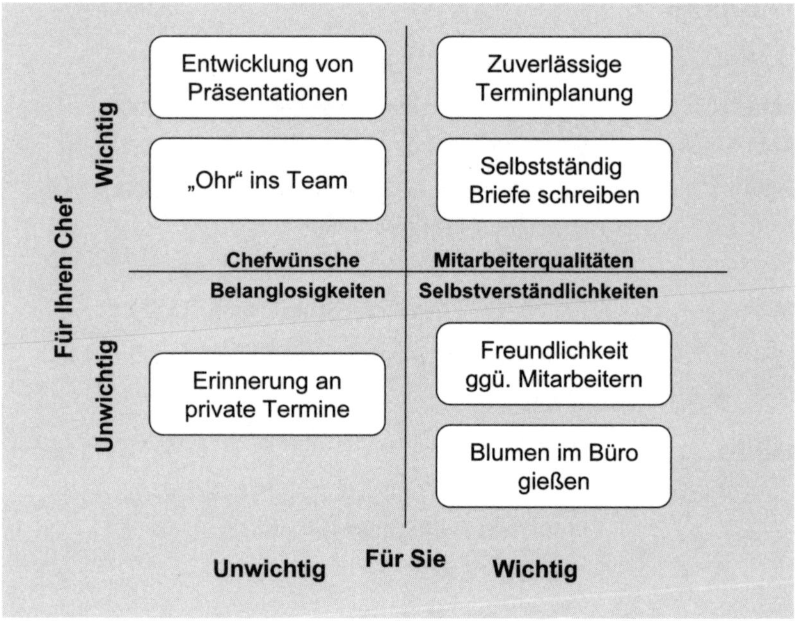

Fachkompetenz ist selbstverständlich

Zu diesen Selbstverständlichkeiten gehört häufig auch das, was viele von uns als Fachkompetenz ansehen. Um noch einmal auf das Eingangsbeispiel zurückzukommen: Der Kollege, den ich Ihnen zu Beginn dieses Kapitels vorstellte, machte seine Arbeit wirklich ausgezeichnet und alle Fachleute, die seine Arbeit beurteilten, konnten dies bestätigen. Dieser feine Unterschied war für seinen Vorgesetzten jedoch irrelevant. Für ihn war es eine Selbstverständlichkeit, dass die Arbeit gut gelöst wurde. Und ob der Kollege die Aufgaben nun ausgezeichnet oder einfach nur gut löste, war seinem Vorgesetzten weitgehend egal.

Auch mit Belanglosigkeiten können Sie keine Anerkennung sammeln. Dem Chef der oben erwähnten Sekretärin war es vielleicht wichtig, an private Termine erinnert zu werden, dem jetzigen ist es unwichtig. Versuchen Sie nicht, mit alten Zöpfen Punkte zu sammeln! Geben Sie sich gar nicht erst mit dem ab, was sowohl für Ihren Chef als auch für Sie vollkommen unwichtig ist.

Das, was gemeinhin als Mitarbeiterqualität gewertet wird, befindet sich rechts oben: Hier herrscht Einigkeit zwischen Vorgesetzten und Mitarbeitern. Versuchen Sie, hier so viele Punkte wie möglich zu sammeln. Je mehr Eigenschaften und Fähigkeiten Sie im Quadranten rechts oben gesammelt haben, desto wertvoller werden Sie für das Unternehmen.

Hier können Sie richtig punkten!

Die große Chance der Sekretärin liegt im Quadranten links oben: Für den Chef sind die dort aufgeführten Dinge wichtig, für sie (bislang) nicht. Das liegt daran, dass der Chef diese Wichtigkeit nicht formuliert. Er würde niemals sagen: »Mir ist es wichtig, dass Sie regelmäßig das Team aushorchen und mir sagen, wie mein Ansehen dort ist.« Oder: »Mir ist es wichtig, dass ich vor dem Vorstand stets die professionellsten Power-Point-Folien präsentiere, die durch Ideen und Pfiff überzeugen.« Die Sekretärin sollte ihrem Chef das Gefühl geben, dass er von ihr zuverlässig die wichtigsten Informationen über das Team bekommt und viel Zeit in die Vorbereitung seiner PowerPoint-Präsentationen investieren.

Wahrscheinlich fragen Sie sich jetzt: »Woher soll ich wissen, welche unausgesprochenen Wünsche mein Chef hat und wie er meine Fachkompetenz einschätzt?« Finden Sie es heraus! Es gibt unzählige Gelegenheiten, das Wertesystem Ihres Chefs kennen zu lernen. Beobachten Sie ihn in Konferenzen. Worauf springt er an? Was lobt er? Was kritisiert er? Oder fragen Sie ihn einfach im Laufe eines Tages oder beim jährlichen Personalgespräch. Ich habe mich stets gewundert, dass mir bei dieser günstigen Gelegenheit die wenigsten Mitarbeiter konkrete Fragen gestellt haben. Jedes Mal haben sie die Chance verpasst, sich einen Wissensvorsprung zu verschaffen.

Typische Beurteilungsfehler

Es gibt noch einen Bereich, in dem Sie einen Wissensvorsprung benötigen, nämlich bei der Frage, inwieweit Ihr Chef Sie wirklich objektiv beurteilt. Die Antwort darauf lautet mit hoher Wahrscheinlichkeit: gar nicht. Alle Beurteilungen sind subjektiv und viele Beurteilungen sind ungerecht. Das ist nicht weiter schlimm, solange die Ungerechtigkeit zu Ihren Gunsten ausfällt, Sie also positiv beurteilt werden. Dramatisch ist es jedoch, wenn Sie das Gefühl bekommen, Sie werden schlechter beurteilt als Sie es verdient haben. Unter Umständen macht Ihr Chef einen klassischen Beurteilungsfehler, dessen Konsequenzen Sie ausbaden müssen.

Haben Sie sich schon einmal Gedanken darüber gemacht, welche Informationsquellen Ihre Vorgesetzten eigentlich haben, um Ihre Leistungen zu beurteilen? Gibt es irgendwelche objektiven Messdaten wie Verkaufszahlen, Bearbeitungsgeschwindigkeit oder Ähnliches? Und was ist mit den Dingen, die über diese objektiven Messdaten hinausgehen? Punkte wie

Zuverlässigkeit, Motivation oder – falls Sie eine Arbeitsgruppe leiten – Führungsverhalten? Hier sind Sie darauf angewiesen, wie Ihr Vorgesetzter, der Sie im schlimmsten Fall kaum sieht, Sie beurteilt und der praktisch keine Details Ihrer Arbeit kennt.

Aus eigener Erfahrung kann ich Ihnen sagen, dass diese Aufgabe für eine Führungskraft zu den schwersten überhaupt gehört. Schließlich sitzen Vorgesetzte nicht von morgens bis abends auf dem Schoß ihrer Mitarbeiter. Wenn Mitarbeiter einem Kunden gegenüber besonders freundlich auftreten, bekommt der Vorgesetzte das nicht mit. Es sei denn, er hört das Telefon ab oder hat die Räume verwanzt. Natürlich kann sich eine Führungskraft einen halben Tag in den Verkauf begeben und überprüfen, wie freundlich Mitarbeiter mit Kunden umgehen. Doch was passiert? Kaum ist der Chef da, verwandelt sich die ödeste Servicewüste binnen weniger Sekunden in ein prachtvolles Kundenparadies.

Wie soll ein Manager das Führungsverhalten eines Gruppenleiters beurteilen? Er kann an einzelnen Meetings teilnehmen, doch das Einzige, was er dort mitbekommt, ist, wie sein Gruppenleiter kommuniziert, wenn der Chef ihn beobachtet. Sein tatsächliches Verhalten ist schwer überprüfbar.

Chefs beurteilen das, was sie sehen und hören. Und damit ist Tür und Tor für Beurteilungsfehler geöffnet. Im Personalmanagement gibt es lange Abhandlungen über dieses Thema. Haben Sie sich schon einmal über Wahrnehmungsverzerrungen Gedanken gemacht? Ich stelle Ihnen einige klassische Beurteilungsfehler vor und die möglichen Gefahren, die davon für Sie ausgehen. Und ich verrate Ihnen, wie Sie Ihren Chef – wenn Sie bei ihm eines dieser Phänomene wahrnehmen – geschickt beeinflussen können.

Der Nikolaus-Effekt

Wenn jedes Jahr am 6. Dezember der Nikolaus kommt und die Kinder an ihre Sünden erinnert, welche Sünden zählt er auf? Dass der kleine Hans sechs Monate zuvor seine Schwester geärgert hat? Oder dass Marie im April heimlich Schokolade gegessen hat? Wohl kaum. Meistens sind es die Sünden, die die Kinder in den letzten Tagen begangen haben: Waren sie artig, bekommen sie Schokolade, waren sie böse, bekommen sie die Rute. Dieses Phänomen findet sich auch in Personalbeurteilungen wieder: Ein Vorgesetzter erinnert sich nur noch an die Leistungen, die seine Mitarbeiter in den letzten Tagen vollbracht haben. Die Kundenbeschwerde am Tag vor der Beurteilung kann die guten Leistungen eines halben Jahres zunichte machen.

Chancen und Gefahren

Ist es Ihr Problem, wenn Ihr Chef nicht in der Lage ist, länger als ein paar Tage in die Vergangenheit zu gucken? Prinzipiell nein. Doch es kann ihr Problem werden: Wenn Sie den Nikolaus-Effekt bei Ihrem Chef feststellen, sorgen Sie unbedingt dafür, dass ihm in den Tagen vor der Beurteilung keinerlei Negativmeldungen zu Ohren kommen. Umgekehrt können Sie Ihre Beurteilung beeinflussen, indem Sie dafür sorgen, dass Sie Erfolgsmeldungen in den letzten Tagen vor der Beurteilung platzieren.

Kunden bedanken sich bei Ihnen für die freundliche Beratung? Sorgen Sie dafür, dass der Brief zwei bis drei Tage vor dem Beurteilungsgespräch bei Ihrem Vorgesetzten eintrifft. Ein Kollege äußert sich positiv über Sie? Achten Sie auf das Timing!

Die beiläufige Bemerkung gegenüber Ihrem Vorgesetzten sollte kurz vor der Beurteilung fallen!

Der Halo-Effekt

Vom Halo-Effekt spricht man, wenn ein einzelnes Merkmal eines Mitarbeiters den Beurteiler so blendet, dass er nicht in der Lage ist, ein differenziertes Urteil zu fällen. Ein Mitarbeiter, der sich stets seriös kleidet, gilt bei seinem Vorgesetzten vielleicht automatisch als intelligenter als ein Mitarbeiter, der bevorzugt Jeans trägt. Eine Mitarbeiterin, der einmal die Tränen gekommen sind, gilt als Heulsuse. Auch Leistungen der Vergangenheit können blenden: Der Verkaufsleiter, der einen riesigen Umsatzsprung verzeichnen konnte, gilt im Unternehmen plötzlich als »der Mann, der den Umsatz verdreifacht«, obwohl der Umsatzsprung vielleicht dadurch zustande kam, dass die Konjunktur anzog. Der Halo-Effekt ist übrigens nach dem Lichtkreis benannt, der sich an manchen Tagen um den Mond bildet und der Hof genannt wird.

Chancen und Gefahren

Wenn Ihr Vorgesetzter sich von einzelnen Merkmalen oder Leistungen blenden lässt, passen Sie unbedingt auf, dass Sie nicht die negativen Auswirkungen zu spüren bekommen! Wenn Ihr Vorgesetzter Ihnen zum Beispiel aufgrund Ihrer Kleidung Fähigkeiten oder Eigenschaften abspricht, können Sie sich anstrengen wie Sie wollen: Sie werden keine positive Beurteilung bekommen! Natürlich ist das ungerecht, aber bitte nicht vergessen: Wir sprechen hier über Fehler bei der Beurteilung. Eigentlich sollte es so etwas wie den Halo-Effekt gar nicht geben. Dummerweise ist er in vielen Unternehmen verbreitet.

Nutzen Sie den Halo-Effekt geschickt für sich: Wenn Ihr Chef nicht in der Lage ist, hinter die Kulissen zu schauen, dann bauen Sie ihm doch einfach eine schicke Kulisse! Kleiden Sie sich so, dass er Ihnen Kompetenz zuspricht, sorgen Sie dafür, dass er nur Erfolgsmeldungen hört oder schreiben Sie sich einen großartigen Erfolg auf die Fahnen, mit dem Sie im Unternehmen für sich Werbung machen.

Der Kontrast-Effekt

»Unter den Blinden ist der Einäugige König«, sagt ein altes Sprichwort. Anders ausgedrückt: Unter den Schlechten ist der Mittelmäßige gut. Man kann das Sprichwort aber auch von einer anderen Seite aus betrachten: Wenn alle in einer Gruppe normal sehen können, gilt der Einäugige als behindert. Auf Ihre Position im Unternehmen bezogen heißt das: Wenn Sie in einer Gruppe von Kollegen sind, die alle Spitzenleistungen vollbringen, sind Sie mit einer nur guten Leistung automatisch das Schlusslicht.

Im Personalmanagement wird diese Tatsache der Kontrast-Effekt genannt: Ihre Leistung wird immer im Zusammenhang mit der Leistung Ihrer Kollegen bewertet. Sind Sie besser als Ihre Kollegen, gelten Sie als gut, sind Sie schlechter als Ihre Kollegen, gelten Sie als schlecht.

Chancen und Gefahren

Gefährlich wird es für Sie dann, wenn in einer bestimmten Abteilung, in der überdurchschnittlich viele Kollegen mit guten

Leistungen arbeiten, Mitarbeiter entlassen werden müssen. Unter Umständen trifft es Sie, weil Sie – trotz eigentlich guter Leistungen – im Vergleich zu Ihren Kollegen eben nur Mittelmaß sind. Im schlimmsten Fall müssen Sie das Unternehmen verlassen, während Ihr fauler Kollege aus der Nachbarabteilung seinen Arbeitsplatz behält: Im Vergleich zu seinen noch fauleren Mitarbeitern in der Abteilung ist er eben eine Spitzenkraft. Wenn Sie erkannt haben, dass dieses Prinzip in Ihrem Unternehmen eine Rolle spielt, sorgen Sie dafür, dass Sie genügend Kollegen in Ihre Vergleichsgruppe bekommen, die schlechter sind als Sie. Und sorgen Sie dafür, dass Sie im Vergleich zu Ihren Kollegen niemals das Schlusslicht werden!

Der Rosenthal-Effekt

Robert Rosenthal, Psychologie-Professor an der University of California, führte in den 60er Jahren mehrere Experimente durch, um herauszufinden, ob es bei Beurteilungen so etwas wie eine Selffulfilling Prophecy gibt. In einem seiner ersten Experimente galt es, Menschen nach ihren Fotos zu bewerten. Dazu baute er zwei Versuchsgruppen auf: In der einen wurden den Personen, die die Fotos bewerteten, positive Informationen über die Menschen auf den Bildern gegeben. Die anderen Bewerter wurden negativ beeinflusst. Das Ergebnis: Die Versuchspersonen, denen ausschließlich positive Informationen gegeben wurden, beurteilten die Fotos wesentlich positiver als diejenigen, die negative Informationen erhalten hatten.

Rosenthal wiederholte diesen Versuch mehrfach, das Ergebnis blieb das gleiche. Auch ein Experiment mit Schülern lieferte die gleichen Ergebnisse: Der Psychologe führte einen Intelligenztest mit Schülern einer bestimmten Schule durch. Nach dem Zufallsprinzip bestimmte er Schüler und Schülerinnen, die bei dem Test angeblich besonders gut abgeschnitten hätten und bei denen – so erklärte es Rosenthal den Lehrern – »in den nächsten 8 Monaten ein überraschender Sprung in den intellektuellen Fähigkeiten zu erwarten sei«. Am Ende des Schuljahres führte Rosenthal erneut einen Intelligenztest durch. Das Ergebnis: Die Schüler, bei denen die Lehrer einen Sprung erwarteten, schnitten deutlich besser ab als die anderen.

Was bedeutet der Rosenthal-Effekt für Sie und Ihre Karriere? Kurz gesagt: Wenn Ihr Chef glaubt, dass Sie gute Leistungen vollbringen werden, wird er Sie auch dementsprechend positiv beurteilen. Sie werden mehr Aufmerksamkeit bekommen, daher fallen Ihre guten Leistungen mehr auf. Jetzt werden Sie vielleicht denken, dass die schlechten Leistungen ebenfalls mehr auffallen werden. Dem ist aber nicht so: Die Erfahrungen von Personalberatern zeigen, dass Mitarbeitern, die als gut angesehen sind, schneller Fehler verziehen werden als Mitarbeitern, die als schlecht angesehen werden.

Chancen und Gefahren

Die große Gefahr ist: Wenn Sie in einer Schublade stecken, stecken Sie drin. Wenn Sie als mittelmäßiger Mitarbeiter gelten, werden Ihre Leistungen auch als mittelmäßig angesehen. Spricht Ihr Vorgesetzter Ihnen jedoch außerordentliche Qualitäten zu, wird er alle Ihre Leistungen durch diese Brille wahrnehmen. Schließlich denkt er von sich selbst, dass er gute und schlechte Mitarbeiter auseinanderhalten kann. Ihre große Chance: Wenn Sie herausbekommen, welche positiven Erwartungen Ihr Vorgesetzter an Sie hat, tun Sie alles, um diese Erwartungen zu erfüllen. Sorgen Sie dafür, dass Ihr Vorgesetzter glaubt, dass Sie gut sind!

- Verlassen Sie sich nicht alleine auf Ihre Fachkompetenz. Akzeptieren Sie, dass Ihr Chef eigene Vorstellungen hat.
- Konzentrieren Sie sich darauf, was Ihr Chef will. Hier können Sie wertvolle Punkte sammeln!
- Ihr Chef macht Fehler bei Ihrer Beurteilung? Verzweifeln Sie nicht, sondern nutzen Sie diesen Fehler für sich.

5

No Name oder Markenprodukt – was sind Sie für Ihren Chef?

Wie viel weiß Ihr Vorgesetzter von Ihnen? Welche Ihrer Qualitäten kennt er? Und wie viel von dem, was Sie tun, bekommt er mit? Wenn Sie das Engagement, das Sie in Ihre Arbeit stecken, morgen einfach auf ein normales Maß zurückfahren würden, würde Ihr Chef das merken? Oder wenn Sie zwei Stunden lang einfach nichts tun würden, würde das auffallen? Ich stelle Ihnen diese Fragen, weil ich Sie auf etwas stoßen möchte.

Was weiß Ihr Chef von Ihnen?

Es gibt Mitarbeiter, die fallen ihrem Chef nicht auf. Sie erledigen ihre Arbeit so geräuschlos, dass sich niemand aus der Führungsetage mit ihnen beschäftigt.

Mir selbst ist diese Tatsache bewusst geworden, als ich einen Termin beim Chef des Fernsehsenders hatte, für den ich als Reporter in der ganzen Welt unterwegs war. Es ging um Formalitäten, für die ich seine Unterschrift brauchte. Als wir uns gegenüberstanden, fragte er mich, was denn so meine Aufgabe sei. Ich hatte mit allen Fragen gerechnet: Wie es mir in Bosnien ergangen sei, wie ich es schaffte, jeden Abend von woanders zu berichten, wie mir die Arbeit gefalle und so weiter. Aber diese

Frage verblüffte mich wirklich. Zu diesem Zeitpunkt war ich seit ungefähr anderthalb Jahren beinahe jeden Abend in den Nachrichten als Live-Reporter auf Sendung. Auf der Straße wurde ich regelmäßig von Menschen erkannt und angesprochen. Nur für meinen eigenen Chef war ich ein No-Name-Produkt aus dem Supermarktregal. Wie konnte das sein?

Ich habe Ihnen bereits das Aufmerksamkeitssystem des menschlichen Gehirns vorgestellt. Ein Mensch nimmt nur das bewusst wahr, was für ihn wichtig ist. Alles andere wird ignoriert. Anders ausgedrückt: Für meinen Vorgesetzten war es vollkommen unwichtig, wer jeden Abend für die Nachrichten berichtete. Hauptsache, irgendjemand tat es. »Halt! Stopp!«, rufen Sie jetzt. »Natürlich sind Mitarbeiter wichtig! Sie sind doch das wichtigste Kapital eines Unternehmens!« Im Prinzip haben Sie da Recht. Aber eben nur im Prinzip.

Ein Chef muss Prioritäten setzen, damit er sich nicht hoffnungslos verzettelt. Er muss sehr sorgfältig abwägen, wohin er seine Aufmerksamkeit lenkt und wie viele Details er an sich heran lässt. Im Laufe eines Tages fallen oft so viele Dinge an, dass der Kopf eines Vorgesetzten am Abend brummt: Eine neue Aktion muss geplant werden, Projekte laufen in die falsche Richtung, irgendjemand sägt am Stuhl, Gesellschafter verlangen einen Bericht, in einem Bereich des Unternehmens gibt es Probleme, die gelöst werden müssen und so weiter und so weiter. Als Chef hat man so viele Baustellen im Unternehmen, die Aufmerksamkeit verlangen, dass man froh ist über alles, was funktioniert.

Genau darin jedoch liegt die Tücke: Dort, wo etwas perfekt funktioniert, wo Dinge reibungslos und von alleine laufen, schauen Vorgesetzte nicht mehr so genau hin. Entsprechend nehmen sie auch die Mitarbeiter, die in diesen Abteilungen arbeiten, nicht mehr wirklich wahr. Es ist ein bisschen wie in einer Ehe: Wenn alles rund läuft, besteht immer die Gefahr, dass man irgendwann die Qualitäten des anderen als selbstverständlich ansieht und nicht mehr beachtet. In wie vielen Beziehungen muss erst ein Partner auf den Tisch hauen und ausziehen, damit der andere erkennt, was er an ihr beziehungsweise an ihm hat? In wie vielen Beziehungen kommt der Katzenjammer nach der Trennung, als dem beziehungsweise der Verlassenen plötzlich schmerzlich bewusst wird, dass dem Partner nur eines gefehlt hat: Aufmerksamkeit. Genauso ist es mit Vorgesetzten: Wie gut Mitarbeiter wirklich sind, stellen sie häufig erst dann fest, wenn sie gekündigt haben und wenn die Abteilung, die bis gestern noch hervorragend lief, plötzlich Aufmerksamkeit erfordert.

Geräuschlosigkeit ist gefährlich!

Im Prinzip könnten Sie jetzt sagen: »Na gut. Dann schlucke ich meinen Stolz herunter und finde mich damit ab, eine Nummer zu sein.« Dummerweise kann das gefährlich werden. Dann nämlich, wenn Kosten eingespart werden sollen oder das Unternehmen umstrukturiert werden muss. Da Ihr Chef weder Sie noch Ihre Qualitäten kennt, kommt er dann schnell auf den Gedanken, dass es ohne Sie genauso gut läuft. Er weiß ja nicht, dass die Abteilung nur dadurch so reibungslos funktioniert, weil Sie unermüdlich alle Probleme lösen, die im Alltag auftauchen. Natürlich wäre es eigentlich seine Aufgabe, die Beziehung zu allen Mitarbeitern aktiv zu gestalten, genau hinzusehen und zu wissen, was im Unternehmen gut und was schlecht funktioniert. Doch das ist eine Idealvorstellung. Es würde voraussetzen, dass Sie sich den idealen Chef mit den idealen Eigenschaften aus dem Katalog bestellen könnten. Den Chef, der seine Mitarbeiter mag und sich um sie kümmert, der optimistisch und motivierend ist, der genau weiß, was seine Mitarbeiter können und der Leistungen objektiv beurteilt. Den Chef, der seinen Mitarbeitern vertraut und sie schätzt, der ihr Potenzial nutzt und verlässliche Rückmeldungen gibt, den Chef, der gute Leistungen erkennt und anerkennt, der offen für Anregungen und neue Ideen ist und so weiter. Falls Sie wissen, wo man diesen Chef bestellen kann, verraten Sie es mir bitte. Bis dahin müssen Sie mit dem Exemplar leben, das Sie haben. Und auch damit, dass er Ihnen unter Umständen keine Beachtung schenkt.

Überlegen Sie, ob Sie den nachfolgenden fünf Aussagen zustimmen oder nicht. Wenn Sie mindestens drei Aussagen zustimmen, spricht vieles dafür, dass Ihr Chef keine Ahnung davon hat, was Sie leisten und was Sie können. Und das wiederum bedeutet, dass Sie nachhelfen und Ihre Qualitäten zur Schau stellen müssen.

6. Der Qualitätentest: Weiß Ihr Chef, was in Ihnen steckt?

	Stimme ich zu	Stimme ich nicht zu
Ich spreche kaum persönlich mit meinem Chef.		
Mein Chef fragt selten nach, an was ich gerade arbeite und wie ich es tue.		
Mein Chef ist viel im Büro oder unterwegs. In der Abteilung lässt er sich nur selten blicken.		
Ich glaube nicht, dass mein Chef wirklich in der Lage ist, mich zu beurteilen.		
Mein Chef kennt mich nur aus der Personalakte. Ich weiß nicht einmal, ob er meinen Namen kennt.		

Vielleicht sagen Sie jetzt: »Aber ich habe mehrere Chefs! Welcher ist denn hier gemeint?« Ganz einfach: derjenige, der eines Tages die Entscheidung darüber treffen könnte, ob Sie gehen oder bleiben. In vielen Unternehmen ist genau das ein Problem: Sie haben einen Vorgesetzten, beispielsweise einen Gruppenleiter oder einen Abteilungsleiter, mit dem Sie gut zusammenarbeiten, der Ihre Qualitäten schätzt und der Sie achtet. Plötzlich ist diese eine Person, die in der Lage war, Sie zu beurteilen, weg. Dumm für Sie. Derjenige, der jetzt die Entscheidung darüber trifft, was aus Ihnen wird, kennt vielleicht nicht einmal Ihren Namen. Oder der Gruppen- beziehungsweise Abteilungsleiter ist zwar formal Ihr Vorgesetzter, hat aber letztlich Personalentscheidungen nur umzusetzen, ohne dass er wirklich mitreden darf.

Der Sandwich-Chef

Das Thema Personalhoheit ist eines, das in Unternehmen sehr sensibel gehandhabt wird. Nur weil jemand Chef wird, bedeutet das nicht, dass er automatisch über alle seine Mitarbeiter verfügen kann.

✗ Beispiel: Jens F. wird zum Verkaufsleiter einer Großbäckerei ernannt. Seine Aufgaben: neue Filialpartner finden, die die Produkte der Bäckerei abnehmen und bestehende Kunden dazu bewegen, mehr als bisher abzunehmen. Ihm sind fünf Mitarbeiter unterstellt. Einen von ihnen, Hans M., kennt der Geschäftsführer noch aus Zeiten, als das Unternehmen eine kleine Bäckerei war. Jens F. steht unter Druck: Der Geschäftsführer erwartet eine deutliche Ausweitung des Filialnetzes. Doch ausgerechnet Hans M. macht mehr Probleme als er nützt: Er hat

wenig gute Ideen, und gerade erst musste der junge Abteilungsleiter einen Kunden besänftigen, der sich beschwert hat.
Dummerweise ist der Geschäftsführer beim Thema Hans M.
taub. »Der Mann ist gut, der kennt alle Kunden«, ist die einzige
Antwort, die Jens F. von ihm bekommt. »Wenn er unmotiviert
ist, dann ist es Ihre Aufgabe, ihn zu motivieren.«

Eine klassische sogenannte Sandwichposition: Der Verkaufsleiter bekommt Druck von oben und von unten und ist gleichzeitig handlungsunfähig, weil wesentliche Entscheidungen ganz
woanders getroffen werden. Vor allem für Vorgesetzte in der
unteren und mittleren Führungsebene ist die Sandwichposition
typisch und sehr unangenehm. Dr. Reimund Scheuermann,
Ministerialdirigent a. D., schreibt in der Fachzeitschrift *Verwaltung und Management*, dass »Führungskräfte im Gegensatz zu Mitarbeitern ohne Führungsverantwortung in der
Regel nach oben und nach unten abhängig sind« und sich
häufig »von oben und unten gebissen« fühlen.

Wer ist die Person in Ihrem Unternehmen, die wirklich die
Entscheidungen trifft? Und ist diese Person in der Lage, Sie zu
beurteilen? Kennt sie Sie überhaupt? Sie ahnen gar nicht, wie
viele Mitarbeiter im Kopf der wahren Entscheidungsbefugten
überhaupt nicht existieren. Wenn Sie aufgrund des Kurz-
tests zu dem Ergebnis gelangt sind, dass Sie ein unbekanntes
und unauffälliges Rad im Getriebe Ihres Unternehmens sind,
müssen Sie – um Ihre Existenz zu sichern – dringend von der
Nummer zum Mensch werden. Ich werde Ihnen dazu eine In-
sider-Strategie vorstellen, die auch Bill Clinton angewandt hat,
um innerhalb von nur 18 Monaten vom politischen No Name
zum Präsidenten der Vereinigten Staaten zu werden. Mithilfe
dieser Strategie stellen Sie anschließend Ihren persönlichen
Marketingplan auf.

Vom No Name zum Präsidenten: Bill Clintons Insider-Strategie

Als ich 1992 in Washington den Wahlkampf zwischen George W. Bush und seinem Herausforderer Bill Clinton begleitete, hatte ich ein Schwerpunktthema, aus dem eine Spezialsendung bei der *Voice of America* wurde: die Vermarktung eines Präsidenten. Weil ich als Redakteur des US-Auslandsrundfunks damals für die amerikanische Regierung arbeitete, konnte ich einen Zugang zum inneren Kreis des Weißen Hauses aufbauen. Stan Greenberg, Clintons Marktforscher und einer seiner engsten Berater, zeigte mir die Studien, die er während des Wahlkampfes angefertigt hatte und verriet mir die Pläne, mit denen ein politisches No-Name-Produkt binnen weniger Monate zum Präsidenten aufgebaut wurde.

Von Clintons Beratern habe ich viel darüber gelernt, was der Unterschied zwischen einem No-Name- und einem Markenprodukt ist. Viele Menschen denken, dass sie irgendwie auffallen müssen, um voran zu kommen. Nun, man kann es so auf den Punkt bringen: Auffallen alleine bringt überhaupt nichts. Ansonsten könnten Sie einfach an einem Montagmorgen nackt durch Ihr Unternehmen laufen und es wäre sichergestellt, dass Sie jedem – vom Pförtner bis zum Vorstandsvorsitzenden – auffallen. Aber um zu einem Markenprodukt zu werden, brauchen Sie einen Plan. So einen, wie ihn Clinton hatte.

Bill Clinton war zunächst ähnlich unangenehm aufgefallen wie ein nackt durchs Unternehmen rennender Mitarbeiter: Mitten im Wahlkampf tauchte Gennifer Flowers in den Medien auf, mit der er als Gouverneur von Arkansas eine langjährige Affäre hatte; die Wähler kannten das, was in seinem Hotelzimmer geschah, besser als seine politischen Pläne. Doch was wenige ahnten: Clinton hatte auch ohne Affären ein riesiges

Problem: Es fehlte ihm komplett an Überzeugungskraft. Zwar sprach er immer und immer wieder über Wirtschaft und Gesundheitsversorgung, beides Themen, von denen er wusste, das er bei den Wählern punkten konnte, doch egal was er sagte, er war so überzeugend wie ein namenloses Waschmittel.

Irgendetwas in Clintons Kommunikation lief verkehrt und es war die Aufgabe von Stan Greenberg, herauszubekommen woran es lag. Greenberg führte mehr als 100 Gruppeninterviews – sogenannte Focus Groups – durch, in denen jeweils 10 bis 15 Wähler intensiv befragt wurden. Das Ergebnis war vernichtend: »Clinton machte den Eindruck, dass er alles sagen würde, was es zu sagen gibt, um gewählt zu werden«, sagte mir Greenberg 1993 in einem ungewohnt offenen Interview.

Clintons Beraterkreis entwarf eine Kommunikationsstrategie, die auf einem klaren Prinzip beruhte: »Wir glauben an eine Theorie, die ›Low Information Rationality‹ heißt und die besagt, dass Wähler grundsätzlich nicht viele Informationen haben, sondern dass sie sich auf einige Fakten konzentrieren. Aufgrund dieser Fakten bildet sich in ihrem Kopf eine eigene Geschichte«, erklärte mir Greenberg. Das Wichtigste für ihn war, herauszubekommen, »welche Fakten aus Clintons Lebenslauf die wichtigsten waren, die wir erzählen müssen«.

Nur wenige Fakten zählen: Die Macht der zweitklassigen Ersatzinformationen

So wie viele Angestellte in Unternehmen habe ich früher angenommen, dass Chefs alles über ihre Mitarbeiter wissen und sich detailliert mit ihnen auseinandersetzen. Dass diese Erwartungen vollkommen unrealistisch waren, wurde mir schnell klar, als ich selbst Führungskraft wurde: Es ist schlichtweg unmöglich, sich detailliert mit allen Mitarbeitern – in meinem Fall waren es 40 – zu beschäftigen. Selbst leitende Angestellte, die mir unterstellt waren und die zwischen fünf und zehn Mitarbeiter zu führen hatten, offenbarten in Beurteilungsgesprächen mangelndes Detailwissen über ihre Untergebenen. Und eine Leitungsebene über mir war über die Mitarbeiter nicht mehr bekannt als einige wenige Schlüsselinformationen. Low Information Rationality. Wie bei Clinton.

Die Theorie stammt von Professor Samuel L. Popkin, der sich an der Universität von Kalifornien in San Diego mit Wählerverhalten auseinandersetzt. In seinem Buch *The Reasoning Voter* vertritt er die These, dass Wähler, die sich zwischen mehreren Kandidaten entscheiden müssen, den Entscheidungsprozess abkürzen, indem sie Fakten, die ihnen schnell und einfach ein Bild vermitteln, als »zweitklassigen Ersatz für Informationen, die schwerer zu beschaffen sind« akzeptieren. Wenn es zum Beispiel um komplexe Themen wie Wirtschaftskompetenz geht, werden nur wenige Wähler wirklich tief in die Materie eintauchen und die Aussagen und Programme der verschiedenen Kandidaten miteinander vergleichen. Stattdessen bilden sie sich mithilfe der »zweitklassigen Ersatzinformationen«, wie Popkin sie nennt, eine Meinung: »Der Kandidat hat Wirtschaft studiert? Und ein eigenes Unternehmen? Na, dann wird er wohl Ahnung haben.«

Vielleicht ist Ihnen am Arbeitsplatz schon einmal folgendes Phänomen aufgefallen: Nur wenige Kollegen wissen detailliert, was andere Kollegen wirklich tun, was der Vorgesetzte tut, was das Management tut – aber alle haben eine Meinung. Theoretisch dürfte niemand eine Meinung haben: Wie kann ich als Mitarbeiter eigentlich beurteilen, ob das Management des Unternehmens gut oder schlecht ist, wenn ich weder die verschiedenen Anforderungen kenne, denen die oberste Führungsebene ausgesetzt ist, noch Informationen darüber habe, wie das Management bestimmte Probleme löst und welche Entscheidungen es trifft? Trotzdem habe ich eine Meinung, nur entsteht diese eben nicht über die Auswertung von Fakten. Was zweitklassige Ersatzinformationen bewirken können, möchte ich Ihnen mit einem kurzen Beispiel erläutern:

Beispiel: Julia P. ist Einkäuferin in einer großen Kaufhauskette. **X** Sie ist viel im Ausland unterwegs, besucht Messen, spricht mit Designern und stellt die Kollektionen für die kommende Saison zusammen. Bislang mit Erfolg: Der Umsatz der Modeabteilungen in den einzelnen Häusern war überdurchschnittlich gut, weshalb Julia P. nie große Mühe darauf verwenden musste, ihre Kompetenzen zur Schau zu stellen. Und so hat Julia P. ihren Kollegen gegenüber nie erwähnt, dass sie im Studium eine Arbeit über die Entstehung von Modetrends geschrieben hat, die als herausragend bewertet wurde. Auch über ihre Praktika bei Gucci und Lagerfeld hat sie nie gesprochen. Das Einzige, was ihre Kollegen über sie wissen, ist das hartnäckige Gerücht, dass sie kurzzeitig ein Verhältnis mit einem Manager der Konkurrenz hatte.

In diesem Winter floppt die Kollektion. Die Verkäufe gehen um mehr als 30 Prozent zurück, in den Konferenzen des Unternehmens herrscht operative Hektik, es beginnt die Suche nach den Schuldigen. Weil weder das Management noch die Vertreter der einzelnen Abteilungen wissen, was genau passiert ist, wird Ursachenforschung nach dem Prinzip der gefühlten Ursachen betrieben: Jeder sagt, was er denkt, der Lauteste setzt sich durch. Das Marketing wettert schnell gegen den Einkauf. Die Kollektion sei ein kompletter Fehleinkauf gewesen, es sei von vornherein eine fast unmögliche Aufgabe gewesen, sie zu vermarkten. Der Verkauf schließt sich an und plötzlich steht Julia P. im Kreuzfeuer.

Das Management wusste bis zu diesem Zeitpunkt praktisch nichts über die Einkäuferin. Wenn sie aufgefallen war, dann nur aufgrund ihres attraktiven Aussehens und weil das Gerücht einer Affäre mit dem Manager der Konkurrenz natürlich auch die Vorstandsetagen erreichte. Binnen kürzester Zeit interpretiert das Management die Fakten so, dass Julia P. bislang nur Glück hatte, sie aber insgesamt der Verantwortung nicht gewachsen ist.

Was war passiert? Julia P. hatte fälschlicherweise geglaubt, dass die Kollegen anderer Abteilungen und das Management ihre Qualitäten schon erkennen werden. Der anfängliche Erfolg bestätigte sie dabei. Womit sie nicht gerechnet hatte: Ähnlich wie Wähler bei einem Politiker nicht wirklich sehen wollen und können, wie kompetent er ist, wollten und konnten es auch die Kollegen und das Management bei ihr nicht sehen. Das Management hat die Qualitäten von Julia P. schlichtweg nie erfahren: Zum einen haben sich die obersten Führungskräfte dafür nicht interessiert (es lief ja immer alles gut), zum anderen hat die Einkäuferin sie ihnen auch nicht mitgeteilt. Wäre der Angriff genauso leicht gewesen, wenn über Julia P. »Das ist die, die bei Gucci und Lagerfeld war« bekannt gewesen wäre? Mit hoher Wahrscheinlichkeit nicht.

Damit ist sie zu einem typischen Opfer von zweitklassigen Ersatzinformationen geworden: Die Verantwortlichen schnappten ein paar Fakten auf – leider die falschen –, machten sich daraus ein Bild und kamen zum Urteil. Das ist zwar ungefähr so logisch wie wenn ein Richter seine Urteile nur danach fällen würde, wie ein Angeklagter aussieht, aber wer sagt, dass Unternehmensführung immer logisch ist? Im

Gegenteil: Meiner ganz subjektiven Erfahrung nach ist Low Information Rationality in Unternehmen eher die Regel als die Ausnahme.

Kommunizieren Sie klar und deutlich

Um aus einem scheinbar politischen Windhund, der nach Meinung der Wähler alles sagen würde, um gewählt zu werden, ein Markenprodukt und damit einen ernsthaften Politiker zu zaubern, begab sich Stan Greenberg im US-Wahlkampf auf die Suche nach Fakten in Clintons Lebenslauf, die die Wähler als zweitklassige Ersatzinformationen akzeptieren würden. Die Frage dabei lautete: Welche Geschichte müssen wir erzählen, damit die Wähler Bill Clinton für ehrlich und kompetent halten? In den nächsten Focus Groups gab Stan Greenberg den Befragten Ausschnitte aus der Biografie von Bill Clinton zu lesen: Geboren in Hope (Arkansas), Familie mit geringem Einkommen, Klassenbester, ging dann nach Georgetown und nach Oxford, studierte an der Yale Law School und so weiter. Am Ende war den Beratern klar, dass sie vor allem eine Geschichte erzählen mussten: Wie sich ein Junge aus armen Verhältnissen nur durch eigenes Schaffen nach oben gearbeitet hat. Diese Geschichte hat nicht nur bei den Befragten in der Marktforschung, sondern bei den Wählern insgesamt hervorragend funktioniert.

Erinnern Sie sich an den Film *Philadelphia*, in dem Tom Hanks einen Aids-Kranken spielt? In einer Gerichtsszene nimmt Denzel Washington den ehemaligen Arbeitgeber von Tom Hanks, einen einflussreichen Anwalt, ins Kreuzverhör. Als der Anwalt immer wieder ausweicht, sagt Denzel Washington einen Satz, der Filmgeschichte geschrieben hat: »Erklären Sie es mir als wäre ich ein Vierjähriger!«

Bei dem Versuch, komplexe Dinge nach oben zu kommunizieren, musste ich sehr oft an Denzel Washington denken. Alles, was die Komplexität einer einzigen PowerPoint-Folie überschreitet, sprengt das Aufnahmevermögen vieler Vorgesetzter. Wenn Sie also feststellen, dass Ihr Chef oder der Chef Ihres Chefs zu Low Information Rationality neigt, denken Sie an den Satz aus *Philadelphia* und erklären Sie ihm einfach, dass Sie toll sind. Und zwar so, als hätten Sie einen Vierjährigen vor sich.

1. Überlegen Sie genau, welche zweitklassigen Ersatzinformationen Kollegen und Vorgesetzte von Ihnen wissen müssen, um daraus zu schließen, Sie seien kompetent. Das notwendige Handwerkszeug dazu haben Sie im Kapitel *Vorsicht Kompetenzfalle!* kennen gelernt.

2. Finden Sie kreative Wege, diese Ersatzinformationen zu kommunizieren. Bauen Sie sie regelmäßig in Meetings mit ein, dekorieren Sie Ihr Arbeitsumfeld entsprechend oder erzählen Sie regelmäßig Anekdoten und Geschichten aus dem Bereich, den Sie kommunizieren wollen.

→ **Insider-Tipp: Die Luftpumpen-Strategie**

Mit lässiger Miene sagt Ihr Kollege: »Heute Abend treffe ich den Ministerpräsidenten, dann spreche ich ihn auf unsere Steuersituation an.« Wow! Was für ein Satz! Sie erblassen vor Neid.

Bitte bleiben Sie auf dem Boden. Sie sind gerade auf die Luftpumpen-Strategie hereingefallen: Ihr Kollege hat sich nur aufgeblasen. Das »Treffen« ist ein kurzer Small Talk auf einer

Veranstaltung mit tausend Gästen, bei der der Ministerpräsident durchschnittlich 4,3 Sekunden mit jedem Anwesenden spricht. Und das Ansprechen des Problems – wenn es denn überhaupt stattfindet – verläuft folgendermaßen: »Sie müssten mal wieder über die Steuern nachdenken.« – »Ja, das tun wir.«

Luftpumpen verstehen es geschickt, mit zweitklassigen Ersatzinformationen umzugehen. Sie lügen nicht, aber sie nutzen ein sehr interpretierfähiges Vokabular, das Dinge größer erscheinen lässt als sie sind. Wenn Luftpumpen belanglos Visitenkarten austauschen, werden daraus »Kontakte in die Spitzen des Ministeriums«, wenn sie mehr oder weniger intelligente Wortfetzen eines großen Kunden aufschnappen, erwähnen sie beiläufig: »Der Geschäftsführer von XY hat mir gesagt, dass er mit uns sehr zufrieden ist«.

Sie stehen wahrscheinlich daneben und sagen sich insgeheim: »Oje, ich sehe die großen Tiere immer nur von Weitem.« Tut ihr Kollege vielleicht auch, doch er benutzt Worte, die im Kopf des Zuhörers Großes entstehen lassen. Wer denkt bei einem »Treffen mit dem Ministerpräsidenten« nicht sofort an Bilder aus den Nachrichten, in denen sich zwei wichtige Männer gegenübersitzen? Wenn Sie spüren, dass Ihr Vorgesetzter sich von der Luftpumpen-Strategie beeindrucken lässt, dann geben Sie ihm doch einfach, was er möchte: Das Vokabular etwas aufpumpen, fertig. Doch Achtung! Bei der Luftpumpen-Strategie gibt es drei Grundregeln:

1. Das, was Sie sagen, muss beiläufig und selbstverständlich klingen. Sie und der Ministerpräsident? Nichts Besonderes. Alltag.

> 2. Achten Sie darauf, dass Ihnen niemand in die Karten blickt! Pumpen Sie Ihr Vokabular nur dann auf, wenn die Fakten schwer nachprüfbar sind.
> 3. Setzen Sie diese Technik dosiert ein. Nichts ist peinlicher als den Ruf einer wandelnden Luftpumpe zu bekommen ■

Gerade auf Menschen, die wie ich zur Bescheidenheit erzogen wurden, wirkt es im ersten Moment eventuell abschreckend, seine eigenen Erfolge und Kompetenzen ständig betonen zu müssen. Und ich wünsche Ihnen von Herzen ein Arbeitsumfeld, in dem Sie Vorgesetzte und Kollegen haben, die mehr von Ihnen wissen und wissen möchten als das, was auf eine PowerPoint-Folie passt. Dummerweise sieht die Welt oft anders aus.

Folgende Grundregel: Je weiter Ihr Vorgesetzter von Ihnen weg ist, desto weniger weiß er über Sie und desto mehr müssen Sie auf den Punkt kommunizieren!

Abbildung 9: Spitze Kommunikation

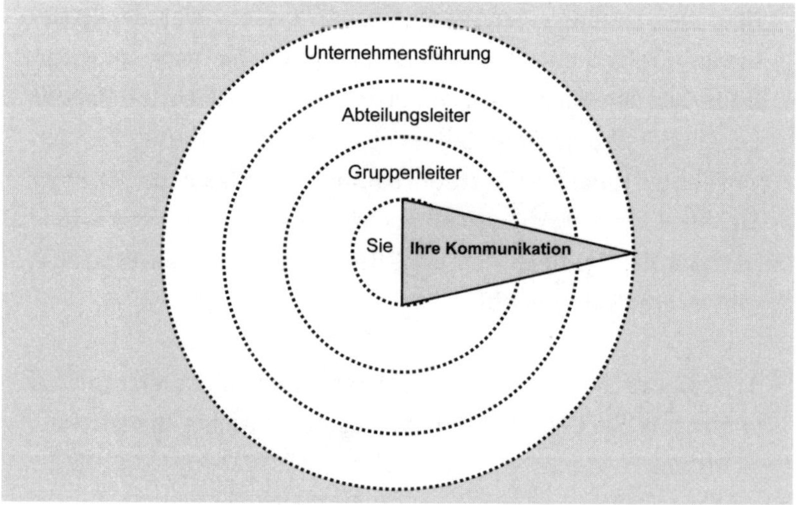

Was Ihnen jetzt noch fehlt, ist ein Marketingplan. Ich werde Ihnen die Strategien vorstellen, mit denen PR-Agenturen und Marketing-Abteilungen arbeiten. Diese Strategien können Sie nutzen, um sich bei den richtigen Leuten mit den richtigen Botschaften geschickt ins Gespräch zu bringen.

Die Kunst der Selbstinszenierung

Im Marketing heißt es, dass Kommunikation am »Involvement« der Kunden ausgerichtet werden muss. Involvement lässt sich am ehesten mit Einbindung oder Beteiligung übersetzen, einfacher – wenn auch nur sinngemäß – mit Interesse. Wenn sich ein Kunde stark für ein Produkt interessiert, sich also intensiv damit beschäftigt, spricht man von hohem Involvement. Um einen solchen Kunden zu überzeugen, bedarf es vieler Argumente und einer ausführlichen Botschaft.

Ein typisch hohes Involvement liegt bei einem Hauskauf vor: Bevor sich ein Kunde für ein bestimmtes Haus entscheidet, muss der Verkäufer lange und ausführlich über die Qualität der verschiedenen Baustoffe sprechen. Er muss mit Argumenten überzeugen, nicht mit plakativen Phrasen. Anders ist es bei einer Dose Erbsen: Das Interesse des Kunden daran ist eher gering. Wenn eine Erbsenfirma den Kunden davon überzeugen will, Produkt A statt Produkt B zu kaufen, muss sie möglichst oft eine kurze und einfache Botschaft im Kopf des Kunden platzieren. Der Kunde muss denken: »Aha, das ist das zarte Junggemüse, dann kauf ich das.«

Eine häufige Situation: Ihr unmittelbarer Vorgesetzter hat ein weit höheres Involvement als derjenige, der am Ende die Entscheidungen trifft. Entsprechend müssen Sie mit beiden auf unterschiedliche Art und Weise kommunizieren: Mit Ihrem unmittelbaren Vorgesetzten führen Sie intensive Gespräche, in denen Sie sachlich gut argumentieren und überzeugen. Vergessen Sie aber nicht, die zweitklassigen Ersatzinformationen regelmäßig einfließen zu lassen!

Mit dem Chef Ihres Chefs müssen Sie anders kommunizieren: Sie müssen die kurzen Gelegenheiten nutzen, in denen er Ihnen seine Aufmerksamkeit schenkt. In diesen Momenten müssen Sie möglichst oft kurze und einfache Botschaften senden, in denen Sie Ihre Erfolge geschickt mit Ihrer Erfahrung kombinieren. Und dabei immer an den Vierjährigen denken!

Sagen Sie also nicht: »Wir haben in dem Projekt verschiedene Kontrollebenen eingeführt, die es ermöglicht haben, noch regelmäßiger als in den vorangegangenen Projekten Zwischenstände abzufragen und damit Probleme frühzeitig zu erkennen.« Besser ist folgende Formulierung: »Das Projekt lief ausgezeichnet, die Kunden waren sehr zufrieden. Ich habe ein vollkommen neues Kontrollsystem eingeführt, das sich sehr bewährt hat.«

Ich habe Mitarbeiter in Unternehmen kennen gelernt, die diese Kunst perfekt beherrschten: Wann immer sie die Gelegenheit hatten, einem Vorgesetzten einen guten Eindruck zu vermitteln, nutzten sie diese: Fast beiläufig erwähnten sie eine gute Idee, die sie umgesetzt haben und die das Unternehmen voran gebracht hat. Wenn es Erfolge gab, waren natürlich nur sie dafür verantwortlich und erwähnten diese genauso beiläufig. Für einen oberflächlichen Betrachter entstand so schnell der Eindruck, dieser Mitarbeiter müsse geradezu ein Überflieger sein.

Dass sich Selbstinszenierung auszahlt, ist mittlerweile sogar wissenschaftlich bewiesen: Der österreichische Professor Wolfgang Mayrhofer hat in einer Studie Einflussfaktoren auf die Karriere untersucht. Dem *Manager Magazin* sagte er, dass ihn ein Ergebnis besonders überrascht hat: »Heute fährt man offensichtlich besser mit dem Herausstreichen eigener Fähigkeiten und Ideen. Selbstinszenierung zahlt sich im wortwörtlichen Sinne mehr aus als Beziehungsarbeit.«

Vielleicht ärgern Sie sich jetzt, weil Sie das Gefühl bekommen, die Welt sei oberflächlich und ungerecht. Ja, das ist sie. Legen Sie kurz das Buch zur Seite und ärgern Sie sich ein paar Minuten. Wenn Sie damit fertig sind, erfahren Sie, wie Sie Oberflächlichkeit und Ungerechtigkeit für sich nutzen können.

Machen Sie Werbung für sich

Fertig mit Ärgern? Dann sind Sie jetzt dran! Erarbeiten Sie Schritt für Schritt Ihre eigene Kommunikationsstrategie. Und zwar genau so, wie es PR-Agenturen und Marketingabteilungen tun.

Abbildung 10: Kommunikationsstrategie

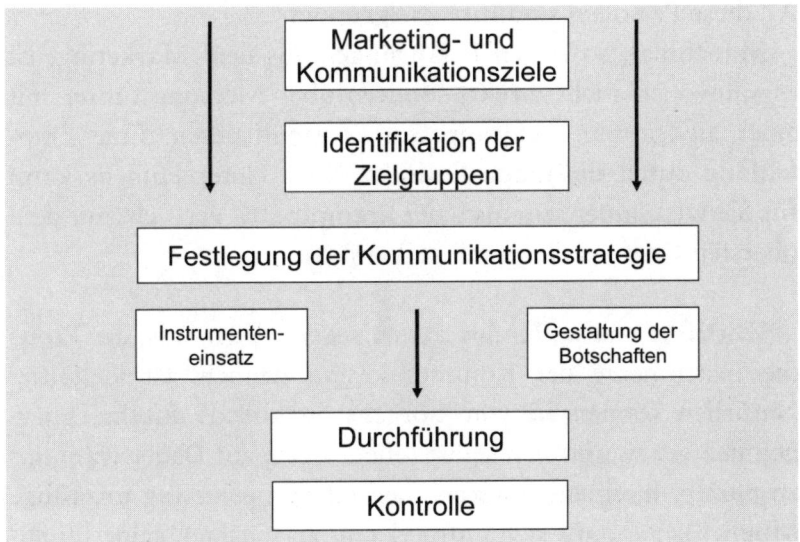

Schritt 1: Was wollen Sie sagen? Definieren Sie das, was Profis die Marketing- und Kommunikationsziele nennen. Wollen Sie, dass Ihre Vorgesetzten Sie als Fachmann mit einzigartigen Fähigkeiten betrachten oder als künftigen Assistenten der Geschäftsführung in Betracht ziehen? Oder wollen Sie sich im Unternehmen einfach nur den Ruf erarbeiten, außerordentlich fleißig zu sein? Das ist ein großer Unterschied!

Schritt 2: Wem wollen Sie etwas sagen? Identifizieren Sie die Personen, denen Sie Ihre Qualitäten mitteilen wollen. Das ist zum einen Ihr unmittelbarer Chef, sein Vorgesetzter, aber eventuell auch der Assistent der Geschäftsführung oder eine einflussreiche Leiterin einer anderen Abteilung. Fragen Sie sich: Wer hat in unserem Unternehmen etwas zu sagen? Wer hat formellen oder informellen Einfluss? In vielen Unternehmen gibt es so etwas wie eine graue Eminenz, jemanden, auf dessen Meinung das Management aufgrund seiner Erfahrung, seiner Position oder seiner bisherigen Erfolge besonderen Wert legt. All diese Personen sind Ihre Zielgruppe!

Manchmal, so zeigen Erfahrungen aus dem Marketing, ist es sinnvoller, nicht direkt, sondern über Meinungsführer mit einer anvisierten Zielgruppe zu kommunizieren. Eine Empfehlung durch die graue Eminenz Ihres Unternehmens kann für Sie wirksamer sein als jeder krampfhafte Versuch, mit dem obersten Chef ins Gespräch zu kommen.

Schritt 3: Wie wollen Sie etwas sagen? Das, was die Profis die Instrumente der Kommunikation nennen, ist vielfältig. Natürlich können Sie von morgens bis abends durchs Unternehmen gehen und sich selbst loben. Doch auf Dauer wäre das zu plump. In einem Unternehmen gibt es jeden Tag unzählige Möglichkeiten, auf sich aufmerksam zu machen, seine Qualitäten zu demonstrieren und für seine Eigenschaften zu werben. Instrumente können auch Taten und Taktiken sein. Drei davon werde ich Ihnen gleich vorstellen.

Schritt 4: Der Chef kommt? It's Showtime! Der letzte Schritt ist die Gestaltung Ihrer Botschaften. Es gibt ein berühmtes Zitat des früheren RTL-Chefs Helmut Thoma über Fernsehqualität: »Der Wurm muss dem Fisch schmecken, nicht dem Angler.« Das Gleiche gilt für Sie und die Art, wie Sie kommunizieren. Haben Sie einen Vorgesetzten, der sich von teuren Anzügen und wichtiger Miene beeindrucken lässt? Bitte schön, bieten Sie ihm die Show, die er haben möchte! Wenn es so einfach ist, bei ihm Eindruck zu schinden, sollten Sie eine solche Möglichkeit nicht ungenutzt lassen. Oder haben Sie einen PowerPoint-Fetischisten als Chef? Dann machen Sie ihn mit einer gelungenen Präsentation im Corporate Design des Unternehmens glücklich. Letztlich steht in der Präsentation nicht viel mehr drin als man in drei Minuten erzählen könnte, aber wenn Ihr Chef sich so beeindrucken lässt, soll er es haben.

Es gibt Chefs, die an Ideen mitwirken möchten, andere, die nur fertige Konzepte mit mindestens fünf eng beschriebenen DIN-A4-Seiten akzeptieren. Achten Sie darauf, welche Botschaften bei Ihrem Chef ankommen und gestalten Sie Ihre Kommunikation entsprechend.

So machen Sie auf sich aufmerksam

Die Taktik der späten E-Mail

Eine mittlere Führungskraft aus einem Unternehmen hatte irgendwann den Trick heraus, wie man es schafft, als fleißig zu gelten. Der Kollege arbeitete in einem Unternehmen, in dem Überstunden gerne gesehen waren. Und so sorgte er dafür, dass jeder im Unternehmen, vor allem aber sein Chef, bemerkte, wenn er am Sonnabend im Büro war oder bis spät in die Nacht arbeitete. Sein letzter Akt vor Feierabend war stets, eine Mail zu schreiben: Eine Antwort auf eine Frage seines Chefs, ein organisatorischer Hinweis oder irgendetwas Ähnliches. Er fand immer einen Grund zum Mailen. Sicher, er hätte die Mail auch früher schreiben können, doch dann hätte ja niemand gesehen, wie lange er gearbeitet hat.

Insider-Tipp: Die automatische E-Mail-Verzögerung

Wenn Sie sich intensiver mit Ihrem E-Mail-Programm auseinandersetzen, werden Sie wunderbare Tools wie die automatische E-Mail-Verzögerung entdecken. Sie macht es möglich, Mails nicht sofort, sondern erst später zu verschicken. Wenn Sie in einem typischen Workaholic-Umfeld arbeiten, in dem pünktlicher Feierabend tabu ist, müssen Sie dann und wann zu Notwehrmaßnahmen greifen: Programmieren Sie, wenn Sie das Büro zeitig verlassen, den E-Mail-Versand auf 22 Uhr. Achten Sie aber unbedingt darauf, dass nicht noch jemand im Büro ist, der später bezeugen kann, dass Sie gar nicht da waren!

Die Taktik der ungeliebten Projekte

Ein Kollege pflegte stets nur solche Projekte anzunehmen, die kein anderer übernehmen wollte und mit denen er sich profilieren konnte. Wenn es ein Projekt in Sibirien und eines auf Hawaii gab, bewarb er sich für das Projekt in Sibirien, während der Rest der Kollegen Richtung Hawaii schielte. Die Logik dahinter war ganz einfach: Ein Projekt zu leiten, das jeder in der Firma übernehmen wollte, hätte so viel Neid erzeugt, dass ihm sein Erfolg im Unternehmen fast automatisch zerredet worden wäre. Ungeliebte Projekte haben den Vorteil, dass beinahe jeder im Unternehmen dankbar ist, dass es irgendjemand tut. Und niemand bemerkt, dass sich der Leiter des ungeliebten Projekts gerade still und heimlich profiliert. Aber Vorsicht: Übernehmen Sie solche Projekte nur dann, wenn Sie sich wirklich damit profilieren können! Projekte ohne potenziellen Prestigegewinn sollten Sie so weit es geht vermeiden.

Die Nischen-Taktik

Ein anderer Kollege, den ich kannte, suchte sich Nischen als Instrument der Selbstvermarktung: Er eignete sich Know-how an, das in der Firma häufig benötigt wurde, das aber niemand besaß. Und er sorgte dafür, dass einschließlich der Geschäftsleitung jedem bekannt war, dass er dieses Know-how hatte.

Insider-Tipp: Suchen Sie sich eine Nische!
Nehmen wir an, Ihr Unternehmen plant, mit europäischen Unternehmen in Slowenien eng zusammenzuarbeiten. Dann gibt es ein Problem: Die wenigsten im Unternehmen wissen irgendetwas über Slowenien. Und die Sprache spricht ohnehin niemand. Wenn Sie sich Wissen über das Land aneignen und beginnen, die Sprache zu lernen, sind Sie der Einäugige unter den Blinden. Sie müssen jetzt nur noch dafür sorgen, dass Ihre Rolle als Spezialist im Unternehmen bekannt wird. Berichten Sie Ihrer Zielgruppe über interessante Dinge, die sich gerade

in Slowenien tun. Weisen Sie dezent darauf hin, dass Sie sich schon lange für das Land und die Menschen interessieren. Sie werden schnell feststellen, wie leicht sich Vorgesetzte durch Wissen beeindrucken lassen, das man sich in jedem Geschichtsbuch anlesen kann ∎

Das gleiche Prinzip gilt für andere Nischen: Egal ob Sie Spezialist für neue Trends im Internet oder rechtliche Fragen im Zusammenhang mit Aushilfsverträgen sind, es kommt darauf an, dass Sie ein exklusives Wissen haben, das das Unternehmen schätzt und braucht. Manchmal werden Sie Ihren Kollegen nur ein paar Schritte voraus sein, aber diese paar Schritte können bereits den Unterschied zwischen einem wahrgenommenen und einem nicht wahrgenommenen Mitarbeiter machen!

Ich möchte, dass Sie aus diesem Kapitel Folgendes mitnehmen: Für Ihre berufliche Existenz ist nichts wichtiger als das, was Ihr Chef von Ihnen wahrnimmt! Alles andere, was Sie leisten, ist letztlich unwichtig.

- ∎ Denken Sie an Bill Clinton und die Macht von zweitklassigen Ersatzinformationen!
- ∎ Schauen Sie sich an, wer im Unternehmen am Ende wirklich die Entscheidungen trifft und kommunizieren Sie dieser Person gegenüber besonders klar und deutlich!
- ∎ Machen Sie Werbung für Ihre Qualitäten und Eigenschaften! Gestalten Sie Ihre Werbebotschaften so, dass sie auch ankommen!

6

So überleben Sie Fehler

Beispiel: Hubert M., Verkaufsleiter eines großen Autohauses, ✗
muss feststellen, dass die von ihm eingeführten Verkaufsför-
derungsmaßnahmen ihr Ziel verfehlt haben. Sechs Monate
zuvor hatte er sich von mehreren langjährigen Mitarbeitern
getrennt, neue Verkäufer eingestellt und diese mit einem teuren
Schulungsprogramm ausgebildet. Die Verkaufszahlen gehen
seitdem stetig zurück. Hubert M. ist entsprechend zerknirscht
und steht vor einem Dilemma, vor dem Mitarbeiter immer
dann stehen, wenn etwas schief gegangen ist: Soll er den Fehler
eingestehen oder nicht? Was würde das für ihn bedeuten? Sorgfältig wägt er alle seine Optionen ab und überlegt sich, was er
seinen Vorgesetzten sagen könnte.

Option A: Fehler eingestehen »Die neuen Maßnahmen sind
nicht so angelaufen, wie ich es mir gedacht habe. Offenbar ist
die Bindung der Kunden an die von mir entlassenen langjährigen Verkäufer größer als ich es eingeschätzt habe. Ich habe
einen Fehler gemacht und werde ihn korrigieren.«

Option B: Fehler zum Teil der Strategie erklären »Die neuen
Maßnahmen funktionieren. Es ist vollkommen normal, dass
bei einer solchen Umstrukturierung zunächst Umsatzeinbußen
hinzunehmen sind, das kennen wir aus allen Märkten. Es ist

eine bittere Medizin, die ich der Verkaufsabteilung verordnet habe, aber sie ist notwendig, um das Unternehmen fit für die Zukunft zu machen.«

Option C: Verantwortung auf andere schieben »Die Restrukturierung der Abteilung ist ein Erfolg, die neue Strategie kann allerdings ihre volle Wirkung noch nicht entfalten. Vor allem Lagerleiter A hat die Umsetzung blockiert. Ich habe diesbezüglich bereits mehrere ernste Gespräche mit ihm geführt und werde mich unter Umständen gezwungen sehen, hier personelle Konsequenzen zu ziehen.«

Option D: Verantwortung auf die Umstände schieben »Angesichts der dramatischen Lage der Automobilindustrie und den erdrutschartigen Zusammenbrüchen beim Absatz hat die Umstrukturierung unseres Unternehmens dafür gesorgt, dass Schlimmeres vermieden werden konnte.«

Was denken Sie? Welche Antwort wäre die ehrlichste gewesen? Wahrscheinlich Option A. Und welche wäre für das Unternehmen die beste gewesen? Ebenfalls Option A. Angesichts der zurückgehenden Verkaufszahlen wäre es das Klügste, die gesamte Strategie noch einmal zu überprüfen und gegebenenfalls zu ändern. Getreu dem alten Sprichwort: »Lieber ein Ende mit Schrecken als ein Schrecken ohne Ende.« Leider wäre Option A auch die, die mit hoher Wahrscheinlichkeit einen Karriereknick für den Verkaufsleiter bedeutet hätte. Zwar ist Irren menschlich und jeder macht Fehler – schon in der Bibel steht: »Wer von euch ohne Sünde ist, werfe den ersten Stein.« Doch dummerweise verzeiht nicht jede Unternehmenskultur Fehler. Für die Karriere des Einzelnen kann mitunter ein Schrecken ohne Ende, der auf

viele Schultern verteilt ist, förderlicher sein als ein Ende mit
Schrecken.

Machen Sie sich nicht zum Sündenbock

Hier ist ein Experiment, das Sie bitte nicht allzu häufig ausführen sollten. In Ihrem Verantwortungsbereich ist ein Fehler
passiert. Übernehmen Sie doch spaßeshalber einmal die volle
Verantwortung. Mit hoher Wahrscheinlichkeit werden Sie vier
Phasen erleben.

Phase 1: Anerkennung Man tritt Ihnen mit Anerkennung und
Aufrichtigkeit entgegen, denn es ist schließlich nicht selbstverständlich, dass Mitarbeiter uneingeschränkt die Verantwortung für Fehler übernehmen. Für kurze Zeit sind Sie der
Held des Unternehmens.

Phase 2: Läuterung Ihre Kollegen entdecken, wie befreiend
es wirkt, dass jemand anders die Verantwortung übernommen
hat. Auch Ihr Vorgesetzter, den ja prinzipiell immer eine Mit-
schuld trifft, stellt fest, wie angenehm es sich mit einer weißen
Weste lebt.

Phase 3: Stigmatisierung Die anfängliche Anerkennung
dafür, dass Sie die Verantwortung übernommen haben, ist
umgeschlagen. Ihre Kollegen haben jede Erinnerung daran gelöscht, dass auch sie ein Teil des Misserfolgs waren. Ihr Chef
hat ebenfalls vergessen, dass er das Problem gehabt hätte, wenn
Sie nicht die Verantwortung übernommen hätten. Anders ausgedrückt: Sie sind der Depp der Firma.

Phase 4: Sündenbock-Funktion Beim nächsten Fehler halten sich Ihre Kollege und Vorgesetzten nicht lange mit der Suche nach möglichen Ursachen auf. Im Unternehmen sind Sie schließlich als jemand bekannt, der leidenschaftlich gerne Verantwortung übernimmt. Was also liegt näher, sie Ihnen zuzuschieben? Das ist praktisch für alle! Die Verantwortung für künftige Fehler tragen Sie natürlich auch.

Wenn Sie die Lust an diesem kleinen Experiment verloren haben, kann Ihnen das niemand übel nehmen. Es erklärt, warum in vielen Unternehmen Mitarbeiter nach dem Prinzip »Erfolg: ich – Misserfolg: die anderen« leben. Bei Erfolgen übernehmen alle die Verantwortung, auch wenn sie nachweislich nichts damit zu tun haben. Bei Misserfolgen wird ein Sündenbock gebraucht.

Ist es für ein Unternehmen besser, wenn sich Mitarbeiter offen zu ihren Fehlern bekennen und das Unternehmen daraus lernt? Absolut! Bringt es Sie in Ihrer Karriere weiter? Meistens leider nein. Gegenfrage: Ist es für ein Unternehmen schädlich, wenn der Großteil der Belegschaft damit beschäftigt ist, Fehler zu vertuschen und Verantwortung zu verschieben? Sehr sogar! Bringt es die Mitarbeiter in ihrer Karriere weiter? Meistens leider ja.

Fehler auf andere schieben: Die Nubbel-Strategie

Verantwortung zu verschieben ist eine effektive Waffe. Ich kenne einen leitenden Mitarbeiter, der sich mit dieser Methode seit Jahren auf seinem Posten hält. Er versteht es wie kein Zweiter, sämtliche Erfolge auf sich zu verbuchen. Gleichzeitig hält er sich eine Person, die die gleiche Funktion erfüllt wie der

Nubbel im Kölner Karneval: Der Nubbel ist eine Strohpuppe, die am Karnevalsdienstag gegen Mitternacht symbolisch zu Grabe getragen wird. Mit ernsten Gesichtern stehen die, die gerade noch gefeiert und getrunken haben, um die Puppe herum und eine ernste Stimme fragt im Kölner Dialekt: »Wer ist schuld daran, dass wir so viel getrunken haben?« Die Masse ruft laut: »Der Nubbel!« »Und wer ist schuld daran, dass wir so viel rumgeknutscht haben?« »Der Nubbel!« Anschließend wird der Nubbel verbrannt und mit ihm verbrennen die Sünden der Feiernden.

Die Auswahl des Nubbels

Besagter Manager verbrennt regelmäßig einen Nubbel. Bei der Auswahl des Nubbels geht er sehr intelligent vor: Er bestimmt ihn nicht selbst, sondern schlägt ihn nur vor. Die letzte Entscheidung überlässt er wahlweise seinen Vorgesetzten oder einer größeren Gruppe, damit ihm später nicht vorgeworfen werden kann, er habe eine unfähige Person eingestellt. Von Zeit zu Zeit kauft er sich ein paar Nubbel in Form von Beratern hinzu, deren einzige Funktion die Machtsicherung ist. Wenn es gut geht, verbucht dieser Manager den Erfolg für sich. So achtet er zum Beispiel stets darauf, Erfolgsmeldungen selbst zu überbringen und die passende Begründung für die Erfolge auszusuchen. Sie ahnen, wer der Held in diesen Geschichten ist. Wenn es schief geht, werden die Beraternubbel verbrannt und alle Sünden sind gelöscht.

Jetzt fragen Sie sich: Was passiert nach einer Nubbelverbrennung? Nun, im Kölner Karneval geht es weiter wie vorher. Genau wie in vielen Unternehmen.

Ich möchte Ihnen die Nubbel-Strategie eigentlich nicht

empfehlen und keinen Hehl daraus machen, dass ich diese Vorgehensweise zutiefst verachte. Es ist schädlich für Unternehmen und ihre Kultur! Aber für den Einzelnen durchaus erfolgreich – so erfolgreich, dass man als Außenstehender nur staunen kann. Ich möchte Sie dafür sensibilisieren, dass Sie zunächst sorgfältig prüfen, ob Sie sich nicht zum Nubbel machen, wenn Sie – zum Wohle Ihres Unternehmens – Verantwortung übernehmen. Schließlich – und das habe ich ja bereits angesprochen – ist es weder Ihre Aufgabe, die Welt zu retten noch die Unternehmenskultur zu verbessern, sondern ausschließlich die, Ihren Arbeitsplatz zu retten. Es ist die Aufgabe Ihrer Vorgesetzten, eine Kultur zu etablieren, die Fehler verzeiht. Niemand kann von Ihnen verlangen, den beruflichen Heldentod zu sterben.

Werden Sie zum Nubbel gemacht?

Ein Vorgesetzter, der es ehrlich mit Ihnen meint, lobt Sie, motiviert Sie und spricht Ihnen Anerkennung für Ihre Arbeit aus. Ein Vorgesetzter, der Sie für die Rolle des Nubbels auserkoren hat, wird genau das nicht tun. Jedenfalls nicht öffentlich. Er wird immer Gefahr laufen, dass lobende E-Mails, Prämien oder die Dankesrede von der letzten Weihnachtsfeier plötzlich gegen ihn verwendet werden und dass der gleiche Mitarbeiter, der angeblich an allem schuld sein soll, plötzlich mit Sätzen wie diesem auftritt: »Mein Vorgesetzter XY hat mich sogar in meiner Arbeit bestärkt. Auf der Betriebsfeier hat er gesagt, wie sehr er die Ergebnisse meiner Arbeit schätzt.« Dann hat Ihr Vorgesetzter ein Problem.

Ausgebuffte Machtspieler wissen das und beugen vor: Es wirkt unglaubwürdig, wenn sie die gleiche Person, die sie vor einem halben Jahr außerordentlich gelobt haben, nun zum Sündenbock machen wollen. Bei jeder offiziellen Kommunikation denken sie daran, dass sie den Mitarbeiter noch als Nubbel verwenden möchten. Der Trick der bereits erwähnten Führungskraft: Seinen Nubbel motiviert er prinzipiell nur unter vier Augen, sodass er später jederzeit sagen kann, das Gespräch habe so nie stattgefunden. In öffentlichen Versammlungen lobt er den betreffenden Mitarbeiter nie. Die schriftliche Form der Kommunikation nutzt er geschickt und greift potenzielle Schwachpunkte an: Verkaufszahlen, die gerade zurückgehen, eine Kundenbeschwerde, eine Bemerkung des leitenden Angestellten, die er als unsachlich bewertet et cetera.

Für ihn hat dies folgenden Vorteil: Sollte der Angestellte in der Krise jemals behaupten, er sei von seinem Vorgesetzten in seinem Tun bestärkt worden, kann er dies niemals nachweisen. Im Gegenteil: Der Chef kann anhand der E-Mails belegen, dass er ständig eingreifen musste, um eine Krise zu verhindern.

So wehren sich Nubbel

Analysieren Sie die Situation ihres Vorgesetzten: Ist seine Stellung beim nächsthöheren Vorgesetzten unsicher oder sitzt er fest im Sattel? Je schwächer die Stellung Ihres Vorgesetzten ist, desto wahrscheinlicher ist es, dass er einen Sündenbock benötigt. Fragen Sie genau nach, warum Ihre Vorgänger gescheitert sind. Die Karrieren verschiedener Menschen auf dem gleichen Posten verlaufen häufig ähnlich: Es gibt Muster, die Sie erkennen können. Reagieren Sie, wenn Sie merken, dass dieses Muster jetzt bei Ihnen angewendet wird!

Insider-Tipp: Dokumentieren Sie das Lob Ihres Chefs

Wenn Sie spüren, dass Sie der Auserwählte sind, der die zweifelhafte Ehre hat, als Nubbel zu verbrennen, können Sie sich wehren. Bauen Sie Ihrem Chef eine Falle: Sie sind wieder einmal unter vier Augen gelobt worden. Schreiben Sie anschließend eine Dankesmail, in der Sie betonen, wie viel Ihnen dieses Lob bedeutet. Sollte Ihr Vorgesetzter Ihnen hinter verschlossenen Türen den Rücken gestärkt haben, bedanken Sie sich für die Rückendeckung und schreiben Sie, dass das Projekt Sie sehr weit nach vorne bringen wird. Beenden Sie die Mail mit irgendeiner belanglosen Frage und zwingen Sie Ihren Chef damit zu einer Antwort. Sie schaffen damit Aktenlage: Ihr Vorgesetzter wird es Ihnen vielleicht nicht schriftlich geben, dass er hinter der Strategie steht, aber er wird es auch nicht dementieren. Wenigstens haben Sie dann etwas in der Hand ■

Der richtige Umgang mit Fehlern

Je höher die Wahrscheinlichkeit ist, dass ein von Ihnen begangener Fehler ohnehin entdeckt und Ihnen zugeschrieben wird, desto mehr spricht dafür, dass Sie sich – frei nach dem hessischen Ministerpräsenten Roland Koch – frühzeitig zum »brutalstmöglichen Aufklärer« und Motor der Fehlerbehebung machen. Diese Strategie hat den Vorteil, dass Sie bereits eine Lösung präsentieren können, während andere noch damit beschäftigt sind, nach den Verantwortlichen zu suchen.

Der nachfolgende Fehlertest wird Ihnen bei der Entscheidung, ob Sie künftig Verantwortung lieber übernehmen oder verschieben wollen, helfen. Wenn Sie drei oder mehr Aussagen zustimmen, arbeiten Sie in einem Arbeitsumfeld, das kaum Fehler verzeiht. Es wäre beinahe dumm, Fehler einzugestehen, es sei denn, Sie haben einen Hang zur beruflichen Selbsthinrichtung. Wenn Sie jedoch vier oder fünf dieser Aussagen nicht zustimmen, wäre es nicht besonders schlau, alle Fehler abzustreiten. Ihre Vorgesetzten würden das Spiel sofort durchschauen.

7. Der Fehlertest: Müssen Sie Fehler vertuschen?

	Stimme ich zu	Stimme ich nicht zu
In unserer Firma ist es üblich, bei Problemen nach Schuldigen zu suchen, die dann mit Konsequenzen rechnen müssen.		
Mein Chef achtet sehr stark darauf, dass Mitarbeiter keine Fehler machen. Der perfekte Mitarbeiter macht möglichst wenig falsch.		
Die Ursache des Fehlers lässt sich nicht genau ermitteln. Vermutungen werden schnell zu Tatsachen erklärt.		
Wenn ich die Verantwortung auf mich nehme, entlaste ich damit andere.		
Die Chance, dass Mitarbeiter mit Ausreden durchkommen, ist groß. Die wenigsten Behauptungen werden kritisch hinterfragt.		

Wenn Sie notgedrungen Fehler eingestehen müssen

Der ehemalige Schachweltmeister Garri Kasparow ist ein Meister im strategischen Denken: Er konnte unglaubliche 15 Spielzüge im Voraus denken. Diese Fähigkeit, die Kasparow zur Legende machte, ist die gleiche, die Sie brauchen, wenn Sie gezwungen sind, Fehler zuzugeben: Denken Sie alle Ihre Züge im Voraus durch! Denken Sie über die Interessenslagen und die Situation aller Beteiligten nach, überlegen Sie sich eine klare Strategie und bedenken Sie sämtliche Auswirkungen Ihrer Worte vorab. Nach Ihrem Eingeständnis ist es zu spät!

✗ **Beispiel:** Noch einmal zurück zum Beispiel des Verkaufsleiters M.: Der Geschäftsführer des Autohauses legt ihm die Kündigung mit der Begründung nahe, dass er die hohen Erwartungen des Unternehmens nicht erfüllt habe. M. bittet um einige Tage Bedenkzeit, die er nutzt, um die verschiedenen Interessenslagen zu analysieren.

Er recherchiert anhand alter Unterlagen, wie der Besitzer des Autohauses in der Vergangenheit mit Krisen umgegangen ist. Er findet heraus, dass der Eigentümer in seiner Zeit als Geschäftsführer selbst verschiedene Krisen durchlebt hat. Auch seine Vorgänger haben in der Vergangenheit bei Fehlern stets eine zweite Chance erhalten. M. kann also damit rechnen, dass ihm der Eigentümer eine zweite Chance gewähren wird.

Der Geschäftsführer hat sich beim Eigentümer einst für M. eingesetzt und darauf bestanden, dass er den Posten bekommt. Genau das kann dessen Trumpf sein: Wenn der Geschäftsführer argumentiert, M. sei fachlich inkompetent, würde er einen massiven Fehler eingestehen. Sein Ansehen hinsichtlich der Kompetenz zur Auswahl des richtigen Personals würde stark leiden. Er hat also wenig Interesse daran, M. fachliche

Inkompetenz zu unterstellen und wird nach anderen Argumenten suchen. Der Trumpf des Verkaufsleiters: Er hilft ihm dabei, das passende Argument zu finden. Nehmen wir an, die Verkaufszahlen gehen zurück. Der Vorgesetzte von Hubert M. kann schlecht argumentieren, dass sein Verkaufsleiter keine Ahnung vom Verkauf hätte. Er wird nach anderen Argumenten suchen, die schwer nachzuprüfen sind, beispielsweise, dass das Verkaufspersonal nicht genügend motiviert wurde.

M. kommt dem zuvor. Er argumentiert, dass er zwar große Fachkenntnisse hat – eine Aussage, der sein Geschäftsführer aus purem Eigennutz auf jeden Fall zustimmen wird –, gesteht aber zugleich ein, Nachholbedarf bei der Klassifizierung von Kunden zu haben. Der Geschäftsführer hat ein Argument, das er präsentieren kann. M. schlägt nun noch vor, eine entsprechende Schulungsmaßnahme – vielleicht sogar auf eigene Kosten – zu besuchen, um das Defizit schnell zu beheben. Der Geschäftsführer wird dies dem Eigentümer – von dem M. weiß, dass er eine zweite Chance gewährt – als eigenen Erfolg verkaufen. Er wird das Defizit erwähnen und zugleich das große Engagement bei der persönlichen Weiterentwicklung loben. Letzteres würde demonstrieren, dass der Vorgesetzte trotz der Krise ein gutes Gespür bei der Personalauswahl hat.

Erkennen Sie Ihre Trümpfe!

Wenn Sie sich in die Lage Ihrer Vorgesetzten versetzen und sich überlegen, was aus dieser veränderten Perspektive für oder gegen Sie spricht, werden Sie feststellen, dass Sie auch in der Krise häufig Trümpfe in der Hand halten. Sie müssen sie jetzt erkennen und ausspielen. Bevor Sie wegen eines Fehlers entlassen werden, werden Ihre Vorgesetzten sorgfältig abwägen, ob es sinnvoller ist, Sie zu behalten oder Sie zu entlassen. Sorgen Sie dafür, dass Ihre Vorgesetzten möglichst viele Argumente finden, die für Sie sprechen, indem Sie beispielsweise demonstrieren, dass Sie aus dem Fehler gelernt haben, dass genau Sie aufgrund dieser Erfahrung die Person sind, die das Unternehmen künftig vor Fehlern dieser Art schützen kann, dass Sie sich ständig weiterbilden werden et cetera. Um es kurz zu sagen: Sorgen Sie dafür, dass Ihre Zukunftsprognose positiv ist.

→ **Insider-Tipp: Schaffen Sie eine dramaturgische Fallhöhe**

In diesem Zusammenhang noch ein kleiner Trick, der immer funktioniert. Versuchen Sie stets, die Erwartungen niedrig zu halten! Wenn in zwei Monaten Quartalszahlen veröffentlicht werden, beginnen Sie schon heute damit, Meldungen über die schlechte Konjunktur zu streuen, auf gesunkenen Umsatz bei Mitbewerbern hinzuweisen et cetera. Wenn die Zahlen nicht den Erwartungen entsprechen, ist niemand überrascht. Sie können argumentieren, dass Ihr Bereich angesichts der schlechten Konjunktur und des fallenden Umsatzes bei den Mitbewerbern vergleichsweise gut im Markt steht. Wenn die Quartalszahlen jedoch gut ausfallen, sieht ihr Erfolg viel größer aus als er eigentlich ist. Beim Fernsehen nennt man diesen Trick »dramaturgische Fallhöhe«: Die plötzliche Wandlung eines besonders fiesen Menschen, der durch eine Wendung in seinem Leben zu einem sanftmütigen wird und ein Waisenkind aufnimmt, ist ein guter Filmstoff. Die langsame Verwandlung von einem netten Mann zu einem noch netteren Mann ist hingegen fade ∎

- Prüfen Sie, ob Ihr Unternehmen Fehler verzeiht, bevor Sie Verantwortung für Fehlschläge übernehmen.
- Lassen Sie sich nicht zum Nubbel machen!
- Analysieren Sie die Interessen aller Beteiligten und erkennen Sie Ihre Trümpfe.

7.

So überleben Sie Ihren Chef

Nehmen Sie bitte kurz einmal Ihr Handy zur Hand. Wie lange besitzen Sie dieses Handy? Ein Jahr? Eineinhalb? Was für ein Handy hatten Sie vor zwei Jahren? Und was für eines vor fünf Jahren? Wenn Sie ein Durchschnittskonsument sind, sieht Ihr Verhältnis zu Ihrem Handy ungefähr so aus: Sie bekommen ein neues Modell und staunen darüber, was es alles kann. Sechs Monate später sind sämtliche dieser neuen Funktionen für Sie bereits selbstverständlich. Noch einmal sechs Monate später steht irgendjemand neben Ihnen, der Ihnen sein neues Handy vorführt, das ungefähr dreimal so viele Funktionen hat wie Ihres, natürlich viel mehr Speicherkapazität und ein unglaublich schickes Design. Ungefähr 18 Monate nachdem Sie das erste Mal Ihr neues Handy bewundert haben, hat der Großteil Ihres Bekanntenkreises aufgerüstet. Sie sind der Einzige, der noch das alte Handy hat und Sie sehnen sich nach dem Tag, an dem Ihr Provider Ihnen ein neues Modell anbietet. Zwei Jahre nach dem Kauf von Handy Nummer eins bekommen Sie das neue Modell, stehen wieder staunend da und der Kreislauf beginnt von Neuem.

Die Halbwertszeit von Führungskräften

Dieses Beispiel zeigt, was es heißt, wenn Unternehmen sagen, der Lebenszyklus von Produkten werde immer kürzer. Die Wirtschaft hat sich daran gewöhnt, dass das High-Tech-Produkt von heute der Sondermüll von morgen ist. Diese Wegwerf-Mentalität hat sich in vielen Unternehmen mittlerweile durchgesetzt und auch in die Personalpolitik der Führungsetagen Einzug gehalten: Ähnlich wie der Produktlebenszyklus eines Handys wird auch der Überlebenszyklus eines Managers immer kürzer. Mitte der 90er Jahre mussten laut einer Studie der Unternehmensberatung Booz Allen Hamilton rund 9 Prozent aller Führungskräfte jedes Jahr ihren Stuhl räumen. Heute, ein Jahrzehnt danach sind es 15,7 Prozent, ein Anstieg von 70 Prozent. Anders ausgedrückt: Die Chance, dass ein Mitarbeiter nach einem Jahr bereits wieder einen anderen Chef hat, lag Mitte der 90er Jahre bei eins zu elf, heute beträgt sie eins zu sieben. Der Hauptgrund, warum Top-Manager immer häufiger entlassen werden, ist Leistungsdruck. Bei jedem zweiten Chef, der heute ein Unternehmen verlassen muss, heißt es: »Er war den Anforderungen nicht gewachsen.«

In vier Jahren habe ich beim Fernsehen fünf Vorgesetzte erlebt, von denen jeder eigene Ideen, eigene Vorstellungen und einen eigenen Geschmack hatte. In Radiosendern bin ich Mitarbeitern begegnet, die inzwischen bei Chef Nummer sieben angekommen sind. Sie alle durchlaufen – wenn sie es tatsächlich schaffen, sechs Chefs zu überleben – grob die gleichen Phasen: Bei Chef Nummer eins glauben sie, die Strategie, die er verkündet, sei jetzt tatsächlich der Weg der Zukunft. Bei Chef Nummer zwei denken sie, Chef Nummer eins habe wirklich versagt und nun werde alles besser. Bei Chef Nummer drei stellen sich erste Zweifel ein, ob das, was da gerade verkündet wird, wirklich besser ist als das, was es bisher gab. Auf Chef Nummer vier werden Wetten abgeschlossen, wie lange er sich hält. Chef Nummer fünf erzählt im Wesentlichen das Gleiche, was Chef Nummer zwei bereits erzählte. Chef Nummer sechs kündigt eine Revolution an, die nie umgesetzt wird, weil Chef Nummer sieben ihn ablöst.

Sie müssen sich das, was Mitarbeiter in besonders wechselfreudigen Medienunternehmen erleben, so vorstellen: Der neue Chef entlässt erst einmal Mitarbeiter und bringt langjährige Vertraute mit, die mehr Geld verdienen als die, die gerade entlassen wurden. Es gilt die Faustregel: Entlasse vier alte Mitarbeiter und bezahle damit drei neue. Die teuren Mitarbeiter gelten beim nächsten, spätestens beim übernächsten Chef als Problemfall, weil sie zu viel verdienen und als Überbleibsel einer vergangenen Ära gelten. Dann werden sie wieder entlassen. Jeder neue Chef ändert zunächst einmal das Studiodesign der Sendung, strukturiert das Unternehmen um und versetzt Mitarbeiter von A nach B. Dabei werden gerne auch ganze Bürotrakte umgebaut.

Nun dauern Umbaumaßnahmen naturgemäß etwas länger. Das führt zu der absurden Situation, dass Chef Nummer vier die Bauarbeiten überwachen muss, die bereits Chef Nummer zwei in Auftrag gegeben hat und dass Chef Nummer sechs seinen bevorzugten Moderator in das Studiodesign setzen muss, das Chef Nummer drei damals als bahnbrechend bezeichnete, für teures Geld in Auftrag gab und dessen Umsetzung länger dauerte als die Amtszeiten von Chef Nummer vier und Chef Nummer fünf zusammen. Für den Fall, dass Sie glauben, ich würde übertreiben: Unter vier Augen erzähle ich Ihnen die Geschichte gerne noch einmal ausführlich mit Namen und Details.

Chefs als Kostenfaktor

Es gibt noch eine zweite Entwicklung: Führungskräfte werden zunehmend als Kostenfaktor gesehen. Unternehmen stellen sich die Frage: Geht es nicht auch mit weniger Chefs? An führenden europäischen Management-Hochschulen wie der Bocconi Universität in Mailand werden offen die Vorteile des sogenannten »Delayering« – man kann es mit »Ausdünnen der Führungsschichten« übersetzen – aufgezeigt. Ich möchte Ihnen das mit einem Beispiel, das so an der Bocconi Universität gelehrt wird, erläutern.

Beispiel: Ein Unternehmen mit insgesamt 5461 Mitarbeitern hat sechs Führungsschichten, wobei jeder Vorgesetzte vier Mitarbeiter hat. Wenn durch Delayering die Zahl der Führungsebenen von sechs auf vier reduziert wird, lassen sich 772 Mitarbeiter einsparen, die zuvor allesamt führend, koordinierend und organisierend tätig waren.

Der Vorteil: Die Zahl der Mitarbeiter, die in der Hierarchie ganz unten sind und – wie böse Zungen behaupten – die ganze Arbeit machen, würde die gleiche sein. Die verbliebenen Vorgesetzten hätten einfach nur größere Verantwortungsbereiche.

Aus Sicht von Unternehmen bietet so eine Verschlankung einige Vorteile: Im Kern bleiben die Strukturen des Unternehmens erhalten, die Firma bleibt also im Prinzip die gleiche. Die Mitarbeiter haben eine größere Autonomie, das heißt, sie arbeiten unabhängiger als zuvor. Entscheidungen fallen in der Regel schneller und können schneller umgesetzt werden, weil weniger leitende und koordinierende Mitarbeiter einbezogen werden müssen.

Sie sehen: Es gibt durchaus einige Gründe dafür, nicht Sie,

sondern Ihren Chef zu entlassen. Sie können sich also darauf einrichten, dass Sie in Zukunft häufiger mal einen neuen Chef bekommen, der neue Prioritäten setzt, das Unternehmen umstrukturiert und auf andere Dinge Wert legt als sein Vorgänger. Hier sind drei Regeln zur Halbwertzeit Ihres Chefs:

1. Wenn Ihr neuer Chef einen neuen Kurs einschlägt, der schief geht, fliegt er und es kommt ein neuer.
2. Wenn Ihr neuer Chef einen neuen Kurs einschlägt, der erfolgreich ist, aber nach Meinung des Topmanagements noch erfolgreicher sein könnte, wird er von oben erst noch ein bisschen gequält, dann fliegt er ebenfalls.
3. Wenn Ihr neuer Chef einen neuen Kurs einschlägt, der so erfolgreich ist wie kein anderer je zuvor, geht er wahrscheinlich von selbst, um woanders einen noch besser bezahlten Posten zu bekommen.

Abbildung 11: Ausdünnung von Führungsschichten

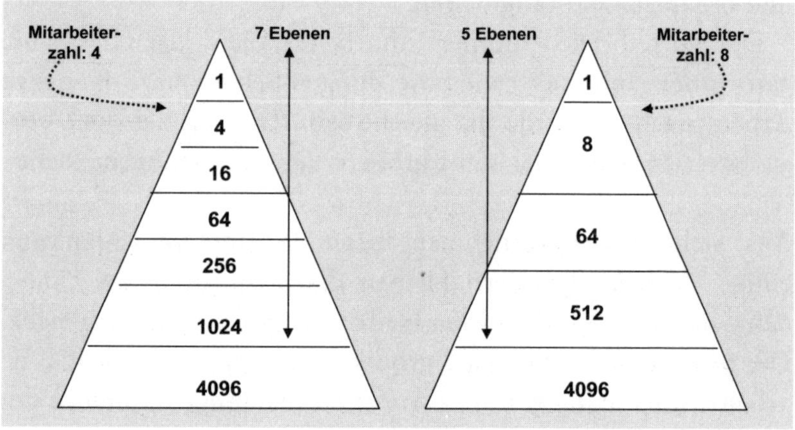

Irgendwann werden Sie vielleicht den vierten oder fünften Chef erleben, der gewichtige Sätze wie »Gemeinsam werden wir die Zukunft gestalten«, »Wir müssen dem Druck des Weltmarkts standhalten« oder »Wir müssen effizienter und effektiver werden« sagt. Sie werden sich innerlich denken, dass Sie das alles schon mehrfach gehört haben. Schauen Sie dennoch auf keinen Fall gelangweilt! Tun Sie so, als sei Ihr neuer Chef der erste, den Sie haben und versuchen Sie, bei seinen Präsentationen genauso zu staunen wie bei den Präsentationen seiner Vorgänger. Sie machen sich das Leben leichter! Die wichtigste Frage für Sie lautet nicht: Wie lange hält sich der Neue? Sondern: Wie überlebe ich den Neuen?

Das Erfolgsgeheimnis der Überlebenden

Was ist das Erfolgsgeheimnis derer, die einen Chef nach dem anderen überleben? Was unterscheidet die, die bleiben, von denen, die irgendwann auf der Strecke bleiben? Bei dieser Frage lohnt es sich, echte Überlebensprofis zu untersuchen: Frösche, Vögel und Insekten, die sich im Laufe der Evolution an Bedingungen angepasst haben, für die sie eigentlich nicht geboren wurden und die zum Teil extreme Bedingungen unbeschadet überstehen. So ein Blick über den Tellerrand gehört inzwischen zum festen Repertoire innovativer Unternehmen: Die Natur hilft Forschern und Entwicklern, die auf der Suche nach Lösungen für komplexe Probleme sind.

Bionik, wie es in der Fachsprache heißt, wird inzwischen auch in den Führungsetagen von Unternehmen akzeptiert. Die Lösungen, die die Natur für bestimmte Probleme entwickelt hat, sind häufig sehr intelligent und inspirierend. Wenn Sie sich in Ihrer Firma einmal genau umschauen, werden Sie viele Parallelen zwischen dem Tierreich und dem Biotop Unternehmen entdecken.

Im Tierreich überleben auf lange Sicht nicht die Arten, die am stärksten oder am intelligentesten sind. In Unternehmen auch nicht. Die logische Folge wäre sonst, dass Unternehmen, die am längsten am Markt sind, die besten Mitarbeiter haben. Doch dem ist nicht so. Im Tierreich überleben die Arten, die es schaffen, sich auf veränderte Lebensbedingungen am besten einzustellen. Schauen Sie sich in Ihrem Unternehmen einmal um: Welche Mitarbeiter sind seit Jahren im Unternehmen, überstehen jeden Chef und jede Veränderung? Welche Eigenschaft verbindet sie alle? Mit hoher Wahrscheinlichkeit ist es ihre Anpassungsfähigkeit.

Flexibilität: Was Sie von Tieren lernen können

Vor 2 bis 3 Millionen Jahren verschlug es eine Finkenart vom Festland auf die Galapagos-Inseln, eine vulkanische Inselgruppe, die am Äquator knapp 1000 Kilometer vor der Westküste Südamerikas liegt und aus sieben größeren und elf kleineren Inseln sowie 105 winzigen Inselchen und Felsen besteht. Aus der ursprünglichen Finkenart wurden im Laufe der Jahre insgesamt 13 Arten, die sich auf verschiedenen Inseln der jeweils vorherrschenden Nahrung anpassten.

Die Darwinfinken, benannt nach ihrem Entdecker Charles Darwin, der als Begründer der modernen Evolutionslehre gilt, sind ein Musterbeispiel dafür, wie Lebewesen, die sich ihrer Umwelt anpassen, den Wandel überstehen.

Es gibt Finken, die ihre Nahrung überwiegend am Boden suchen, andere in Bäumen, Kakteen und Sträuchern. Die Tiere haben sich den unterschiedlichen Lebensbedingungen auf den verschiedenen Inseln angepasst: Bei den körnerfressenden Arten bildeten sich dicke klobige Schädel, bei den Insektenfressern schmalere spitze Schnäbel. Und eine Art der Finken benutzt sogar Werkzeuge wie abgebrochene Äste oder Stachel, um Insekten aus Bohrlöchern zu holen.

Die Kunst sich anzupassen ist für viele Arten im Tierreich der Schlüssel zum Überleben. So produzieren bestimmte Insekten und Frösche bei extremer Kälte Gefrierschutzproteine, die verhindern, dass die Tiere zu Eisklumpen werden; die Stabheuschrecke, ein wahrer Leckerbissen für Vögel, hat sich so sehr ihrer Umgebung angepasst, dass sie kaum noch von Sträuchern zu unterscheiden ist; der Hornissenschwärmer, ein harmloser Schmetterling, tarnt sich als Wespe und die Stadtamsel hat sich voll und ganz auf das Leben in unmittelbarer Umgebung des Menschen eingestellt. Das *Lexikon der Biologie* schreibt dazu kurz: »Besitzer von Anpassungen mit höherem Anpassungswert werden von der Selektion bevorzugt.«

Dass Anpassung und Veränderung eine gute Überlebensstrategie ist, lässt sich nicht nur in der Tierwelt beobachten: In der Politik haben Ronald Reagan und Arnold Schwarzenegger vorgemacht, dass sie die Rolle des Politikers genauso gut spielen können wie die des Filmhelden. Und die erfolgreichsten Hollywood-Schauspieler sind die, die für ihre Rollen abwechselnd dick und dünn, brav oder grausam sein können. Wer zu sehr auf eine Rolle festgelegt ist, hat es schwer. Die wunderschöne Charlize Theron hat dank ihrer Darstellung einer hässlichen aufgedunsenen Mörderin mit fettigen Haaren sogar einen Oscar bekommen.

Muss ich mein Rückgrat entfernen lassen?

Anpassung hat im extremen Ausmaß auch eine Kehrseite. Sicherlich ärgern Sie sich gelegentlich über Kollegen ohne Rückgrat. Gestern vertraten sie noch diese Meinung, heute eine andere. Sie würden niemals für etwas kämpfen, es sei denn, es bringt ihnen unmittelbare Vorteile, sie würden niemals eine kontroverse Meinung äußern und die Flexibilität ihres Rückgrats scheint unendlich zu sein.

✗ **Beispiel:** Ich kannte zwei Betriebsräte, die es mit der Flexibilität ihres Rückgrats deutlich übertrieben. Erst schrieben sie ernste Beschwerdebriefe gegen ihre Vorgesetzten, anschließend beschwichtigten sie: Der eine meinte, er habe den Brief im Gruppenzwang unterschreiben müssen, der andere bat um Verständnis, weil schließlich Wahlkampf sei und er wiedergewählt werden möchte.

Eine solch offensichtliche Biegsamkeit mögen weder Vorgesetzte noch Kollegen. Beide Betriebsräte wurden nicht wieder gewählt, einer von ihnen wurde kurz danach auf einen Außenposten versetzt. Interessant ist aber, dass beide Mitarbeiter weiterhin ihren Arbeitsplatz behalten haben, während das Unternehmen andere Mitarbeiter entließ. Das Geheimnis ist ihre Flexibilität. Beide hatten ihr Blatt während der Betriebsratszeit sehr weit ausgereizt, aber nicht überreizt. Ihre Fähigkeit zur Anpassung half ihnen zu überleben.

Ich empfehle Ihnen nicht, Ihr Rückgrat ganz abzuschaffen. Doch auch wenn Unternehmen immer wieder betonen, dass sie sich selbstständig denkende Mitarbeiter wünschen: Menschen mit zu viel Rückgrat sind unbequem. Der nachfolgende Test verrät Ihnen, wie hoch der Anpassungsdruck in Ihrem Unternehmen ist.

8. Der Flexibilitätstest: Steht Ihr Rückgrat Ihnen im Weg?

	Stimme ich zu	Stimme ich nicht zu	✓
Ich weiß, was ich in unserem Unternehmen sagen kann und was nicht.			
Bei uns wird nicht viel diskutiert, es wird gemacht, was gesagt wird.			
Widerspruch wird nicht gerne gesehen.			
Es gibt bestimmte Fragen, die würde ich nie stellen.			
Ich kenne keine oder nur wenige Querdenker bei uns.			

Wenn Sie drei und mehr dieser Aussagen zustimmen, schaffen Sie sich ein flexibles Rückgrat an! Eines, das da ist, wenn es gebraucht wird, dass Sie jedoch auch einmal einen halben Tag ignorieren können. Schauen Sie sich im Biotop Ihres Unternehmens um: Sie werden feststellen, dass dort ganze Heerscharen von Darwinfinken hausen, die in den vergangenen Jahren abwechselnd lange spitze Schnäbel und kurze dicke Schnäbel hatten, je nachdem welche Nahrung ihnen gerade angeboten wurde.

Ich möchte Ihnen das Biotop Unternehmen etwas näher bringen und Ihnen vier Arten beschreiben, die es schaffen, dort zu überleben. Ich werde Ihnen typische Verhaltensweisen dieser Arten vorstellen, Ihnen sagen, wie sie aus Sicht eines neuen Chefs gesehen werden und verraten, wie Sie am besten überleben.

Herdentiere

Genau wie Zebras oder Gnus in der Savanne fühlen sich Mitarbeiter häufig in Herden am wohlsten. Die Gemeinschaft verspricht ein Stück Geborgenheit und Schutz. Doch Vorsicht: In der Natur sind Herden ein leicht auszumachendes Ziel für Angreifer! Diese Erfahrung müssen Hunderte von Gnus im Afrika jedes Jahr mit dem Leben bezahlen: Zweimal jährlich müssen die großen Herden auf ihrem Weg durch die Savanne den Mara Fluss im Masai Mara Reservat in Kenia durchqueren. Und jedes Mal, wenn die Gnus kommen, werden sie bereits von hungrigen Jägern erwartet: Die bis zu sieben Meter langen Krokodile des Flusses schnappen im Bruchteil einer Sekunde zu und ziehen ihre Opfer unter Wasser. Dieses Naturschauspiel ist brutal. An den Tagen der Gnu-Wanderung verfärbt sich das Wasser des Flusses blutrot.

Herdentiere aus Sicht eines neuen Chefs

Ein Chef, der Personal abbauen muss, wird zunächst versuchen, Abteilungen auszudünnen. Er wird also versuchen, aus einer Gruppe von zehn Mitarbeitern, die die gleichen Qualifikationen und die gleichen Aufgaben haben, zwei herauszunehmen und die Mitarbeiterzahl auf acht zu verringern. Erinnert Sie das nicht auch irgendwie an die Krokodile im Mara Fluss? Genauso wie die Gnu-Herde stabil bleibt, obwohl hundert Tiere fehlen, bleibt auch die Struktur der Abteilung stabil, obwohl zwei Mitarbeiter fehlen.

Ihre Überlebenschance in der Herde

Wenn Sie einer Herde angehören, ist die Frage Ihres Überlebens mehr oder weniger Zufall. Ein Gnu – wenn es denn rechnen könnte – wüsste, dass die Chance, auf der anderen Seite des Mara Flusses anzukommen, bei ungefähr 1 000:1 liegt. Wenn Abteilungen ausgedünnt werden, können sich Mitarbeiter mit gleichen Qualifikationen und Aufgaben ihre Überlebenschance ebenfalls ausrechnen: Im gerade eben genannten Beispiel liegt sie bei 1:5.

Herden bieten nur denen tatsächlich Schutz, die innerhalb der Herde stark sind. Herausgerissen werden stets die, die auf der Flucht langsamer sind, die am Rand und am Schluss laufen. Sie genießen in der Herde keinen Schutz, sondern schützen die anderen, weil sie diejenigen sind, die die Starken davor bewahren, angegriffen zu werden.

Wenn Sie Mitglied einer Herde sind, überlegen Sie genau, welche Stellung Sie haben (Siehe auch den Abschnitt *Kontrast-Effekt* auf S. 90). Werden Sie von der Herde geschützt oder schützen Sie die anderen? Wenn Letzteres der Fall ist, sollten Sie entweder Ihre Stellung in der Herde verändern oder die Herde wechseln.

Schneehasen

Der kleine süße Schneehase, der in den Alpen und im hohen Norden lebt, hat eine ganz besondere Art, sich gegen Attacken von Raubvögeln zu schützen. Als wehrloses und begehrtes Beutetier ist er ständig auf der Hut und kann Gefahren früh erkennen. Er kann sich zudem perfekt tarnen: Im Sommer ist sein Fell bräunlichgrau gesprenkelt, im Winter ist es schneeweiß. Der Zeitpunkt des Farbwechsels ist temperaturabhängig: Wenn es kühler wird, verändert sich das Fell. Der arktische Schneehase ist sogar das ganze Jahr über weiß, damit er aus der Luft nicht entdeckt werden kann.

Schneehasen aus Sicht eines neuen Chefs

Schneehasen sind besonders beliebte Mitarbeiter, weil sie genau den Erwartungen ihrer Vorgesetzten entsprechen. Wenn der neue Chef auftaucht, haben sich Schneehasen der neuen Temperatur bereits perfekt angepasst. Genau wie ein Raubvogel nicht weiß, dass sich sein Beutetier tarnt, sieht der neue Chef nicht mehr, dass es jemals ein altes Fell gegeben hat.

Ihre Überlebenschance als Schneehase

Schneehasen haben in jedem Unternehmen eine gute Chance zu überleben. Denn bevor sich die Farbe ihres Fells verändert, haben sie bereits genau die Temperatur ermittelt: Schneehasen versuchen zunächst alles über ihren neuen Chef herauszubekommen. Sie recherchieren im Internet, fragen ehemalige Kollegen und bekommen so heraus, worauf der Neue Wert legt. Erst dann verändern sie sich.

Doch Vorsicht! Als Schneehase müssen Sie darauf achten, sich nur dort anzupassen, wo es wirklich sinnvoll ist. Den Schneehasen von Lilla Karlsö, einer kleinen Ostseeinsel nördlich von Gotland, hat die Natur einen Streich gespielt: Wie ihre Artgenossen vom Festland haben auch sie sich durch ein weißes Fell an die Schneelandschaft angepasst. Dummerweise liegt auf der Insel – im Gegensatz zum Festland – nur selten Schnee. Auf grünem Gras und brauner Erde bieten sie deshalb einen klaren Kontrast und sind eine leichte Beute für Raubvögel.

Wenn Sie sich also nicht sicher sind, ob Ihr Fell wirklich der richtigen Temperatur entspricht, verzichten Sie lieber auf allzu frühzeitige Veränderungen.

Parasiten

Parasiten, auch Schmarotzer genannt, suchen sich einen Wirt, den sie aussaugen, aber so lange am Leben lassen, wie er ihnen nützt und regelmäßig Nahrung liefert. Wenn der Wirt nicht mehr nützlich ist, suchen sie sich einen anderen. Dieser Kollegentyp, der in jedem Unternehmen existiert, kreist um den Chef herum, schmeichelt ihm, saugt Wissen und Informationen ab, täuscht Treue vor und springt im geeigneten Moment auf den nächsten Wirt über.

Parasiten aus Sicht eines neuen Chefs

Die Parasiten-Strategie kann ich Ihnen nur mit Einschränkungen empfehlen: Parasiten leben gefährlich. Solange der neue Chef das Spiel nicht durchschaut, haben Sie beste Karrierechancen. Sobald er aber dahinter steigt, sind Sie so gut wie entlassen.

Ihre Überlebenschance als Parasit

Wenn Sie die Parasiten-Strategie wählen, müssen Sie auf drei Dinge achten:

1. Seien Sie unauffällig! Sie dürfen auf keinen Fall den Anschein erwecken, Sie seien ein Parasit.
2. Schwächen Sie Ihren Wirt nicht! Wenn Sie eine Last werden, wird sich Ihr Wirt von Ihnen befreien.
3. Wechseln Sie den Wirt rechtzeitig. Warten Sie nicht, bis Sie gemeinsam mit ihm sterben.

Pandabär

Der Pandabär ist ein typischer Nahrungsmittelspezialist, der sich nicht umstellen kann. *Brehms Tierleben* berichtet vom verzweifelten Versuch eines Londoner Pflegers, einen kranken Pandabären mit Hühner- und Kaninchenfleisch aufzupäppeln. Doch der Bär rührte das Fleisch nicht an. Auch mit Milch, Reis und Gras konnte er nichts anfangen. Lieber wäre das Tier zugrunde gegangen als sich umzustellen. Kennen Sie auch solche Kollegen? Sie sind seit Jahren im Unternehmen und tun das, was sie schon immer getan haben. Und haben Sie sich nicht auch schon einmal gefragt, warum diese Kollegen nicht schon lange entlassen sind? Ihr Geheimnis ist das gleiche wie das der Pandabären: Sie stehen unter Artenschutz.

Pandabären aus Sicht eines neuen Chefs

Eigentlich wären Pandabären sofortige Entlassungskandidaten. Was will ein Chef mit einem Mitarbeiter anfangen, der die Flexibilität einer Betonmauer aufweist und der überhaupt nicht mehr in die neue Zeit passt? Im schlimmsten Fall kränkelt er auch noch. Trotzdem ergibt es Sinn, den Pandabären zu behalten: Weil er so süß ist. In fast jedem Unternehmen gibt es einen Pandabären, der von allen Chefs unter Artenschutz gestellt wird, weil er im Team ungemein beliebt ist und egal was er tut von jedem in Schutz genommen wird. Schlaue Chefs wissen, dass sie ihrem Team hier Großmütigkeit zeigen können und vielleicht manchmal sogar müssen: Wer einen so süßen Bären erlegt, kann doch kein Mensch mit Herz sein ...

Ihre Überlebenschance als Pandabär

Sie müssen das Hauptkriterium des Pandabären erfüllen: unglaublich süß sein. Das heißt nicht, dass Sie besonders gut aussehen müssen, vielmehr müssen Sie irgendetwas an sich haben, was das gesamte Team auf Ihre Seite bringt: Sie sind die gute Seele der Firma, der Kummerkasten oder einfach so charmant zu jedem, dass niemand Sie angreifen wird. Solange Sie süß sind, wird Ihnen geholfen, wo immer es geht. Allerdings: Wenn Sie dieses Kriterium verlieren, ändert sich auch das Verhalten ihrer Umwelt Ihnen gegenüber. Und Bär ist nicht gleich Bär. Erinnern Sie sich: Als ein Braunbär nach Bayern kam, war ein ganzes Volk in Jagdstimmung.

- Klammern Sie sich nicht zu sehr an Ihren Chef! Er kann seinen Arbeitsplatz schneller verlieren als Sie.
- Sie müssen sich nicht ganz aufgeben, aber eine gewisse Form der Anpassung ist unerlässlich.
- Analysieren Sie das Biotop Ihres Unternehmens: Welche Überlebensstrategie passt zu Ihnen?

8.

So überleben Sie als Chef

Schütteln Sie nicht auch manchmal den Kopf, wenn Sie die Halbwertszeit eines durchschnittlichen Fußballtrainers beobachten? Die Mannschaft spielt schlecht – zack, Trainer raus, der Nächste bitte! Wäre die Deutsche Nationalmannschaft bei der Fußball-WM 2006 in der Vorrunde ausgeschieden, hätte man Jürgen Klinsmann wahrscheinlich geteert und gefedert aus dem Land gejagt. Doch die Mannschaft hielt ein paar Runden länger durch und so wurde Klinsi über Nacht zum Nationalhelden. Hätte man zum Ende der WM eine Volksabstimmung gemacht, ich bin sicher, 90 Prozent der Deutschen hätten zugestimmt, ihm neben dem Brandenburger Tor ein Denkmal zu setzen.

Erfolg und Misserfolg liegen dicht beieinander, im Fußball genauso wie in Unternehmen. Wie häufig auch Führungskräfte den Arbeitsplatz wechseln müssen, habe ich Ihnen ja im Kapitel *So überleben Sie Ihren Chef* bereits erläutert. Auch wenn Sie in einer leitenden Position arbeiten, ist Ihr Job daher keinesfalls sicher.

In diesem Kapitel möchte ich Ihnen die besondere Situation von Führungskräften in Krisensituationen näher bringen: Wenn Unternehmen in eine Krise schlittern, sind es nicht die Mitarbeiter, die zuerst verantwortlich gemacht werden, sondern das Management. Wenn die Konkurrenz Marktanteile gewinnt, hätte das Management den Mitbewerber früher beobachten müssen, wenn die Kosten zu hoch sind, hätte das Management diese eher in den Griff bekommen müssen, wenn die Mitarbeiter schlechte Leistungen erbringen, hätte das Management sie motivieren müssen und so weiter und so weiter. Letztlich ist in einem Unternehmen alles ein Führungsproblem. Selbst wenn ein Chef für eine bestimmte Entwicklung überhaupt nichts kann, ist es ein Führungsproblem: Schließlich gehört es zu den Aufgaben des Managements, Zufälle auszuschließen. Willkommen im Haifischbecken! Wenn Sie dieses Kapitel als Chef lesen, zeigt Ihnen der folgende Test, wie bissig es in der Führungsetage zugeht. Wenn Sie es als Mitarbeiter lesen, wissen Sie, dass die Position Ihres Chefs vielleicht nicht so sicher ist wie Sie denken.

9. Der Haifischtest: Wie bissig ist das Topmanagement?

	Stimme ich zu	Stimme ich nicht zu	
In der Führungsetage gab es in den letzten Jahren regelmäßig Veränderungen.			
Das Management geht nicht respektvoll miteinander um.			
Unternehmensführung und mittleres Management sagen häufig unterschiedliche Dinge.			
Vorgesetzte gehen auf Nummer sicher statt mutig zu entscheiden.			
Als Chef muss man bei uns im Haus gut taktieren können.			

Wenn Sie mehr als drei Aussagen zugestimmt haben, befinden sich Chefs in Ihrem Unternehmen in einem Becken mit besonders hungrigen und aggressiven Haien. Der Kampf ums Überleben ist für sie Alltag.

Die Spielregeln im Haifischbecken

Haifische sind auf Überleben getrimmt. Im Gegensatz zu schnuckeligen Schneehasen oder trägen süßen Pandabären hat die Natur sie mit einem anderem Überlebensinstrument ausgestattet: einem kräftigen Gebiss. Wenn Haifische überleben wollen, beißen sie zu.

In diesem Buch haben Sie ja bereits den Vorgesetzten kennen gelernt, der zur Sicherung seiner eigenen Macht stets einen Nubbel einstellt und diesen bei passender Gelegenheit zu verbrennen pflegt. Das ist nicht ungewöhnlich. Im Gegenteil: In hierarchisch strukturierten Unternehmen ist eigentlich jeder Vorgesetzte der Nubbel von einem, der in der Hierarchie noch höher steht. Wenn Verantwortliche für eine Krise gesucht werden, hat das Topmanagement die Wahl, selbst die Konsequenzen zu ziehen oder einige Bereichsleiter zu opfern. Die Bereichsleiter wiederum versuchen, einen Nubbel im Bereich der Abteilungsleiter zu finden. Und weil die wenigsten Abteilungsleiter Lust verspüren, sich freiwillig zum Nubbel machen zu lassen, überlegen sie ihrerseits, wem sie die Verantwortung in die Schuhe schieben können.

Wenn Unternehmen in die Krise schlittern, muss – manchmal anscheinend allein der Etikette wegen – ein Schuldiger gefunden, präsentiert und öffentlich gekreuzigt werden. Zwar heißt es: »Aus Fehlern lernt man.« Doch dazu muss man sie erst einmal überleben.

Gerade in Zeiten von Veränderungen und Umstrukturierungen werden Chefetagen zu Haifischbecken. Der neue Wind, der durchs Unternehmen weht, fegt die Symbolfiguren des bisherigen Weges gleich mit heraus. Manchmal geschieht das sogar ohne konkreten Grund, einfach weil irgendjemand in der Vorstandstandsetage sagt: »Neue Besen kehren gut.« Der neue Besen wird in einigen Jahren ebenfalls abgenutzt sein und auf dem Sperrmüll landen, aber das hilft den Betroffenen momentan wenig.

Ob Krise oder Umstrukturierung: Um unter Haifischen zu überleben, bedarf es einiger Kniffe.

Die US-Motivationsforscher David C. McClelland und David H. Burnham haben mehr als 500 Manager gefragt, was sie antreibt. Das Ergebnis: Beim Aufstieg zählt vor allem der Wille zur Macht. Manager, die nach Einfluss und Geltung streben, kommen weit häufiger in die obersten Führungsetagen als die, die nur durch gute Leistung überzeugen. Das Magazin *Focus* schreibt: »Die Leistungsorientierten schlagen sich auch nicht schlecht, werden aber meist von den Machtmenschen abgehängt« – von den Haifischen eben. Die eiserne Regel: Haie akzeptieren nur Haie. Ein Blick ins Reich der echten Haie zeigt: Wenn die Tiere bedroht werden, greifen sie sofort an, genau wie die Haifische im Unternehmen.

In diesem Kapitel lernen Sie zehn Regeln kennen, die Ihre Überlebenschancen unter Haifischen deutlich steigern und die Ihnen helfen, Unternehmenskrisen und Veränderungen zu überstehen. Wenn Sie nicht in einer Führungsposition tätig sind, wird Ihnen dieses Kapitel einen Einblick in die subtilen Machtspiele der Vorstandsetagen geben. Es wird Ihnen helfen, die Situation Ihres Vorgesetzten noch besser zu verstehen. Wer nicht selbst einmal in leitenden Positionen tätig war, hat nicht die geringste Vorstellung davon, welchen Intrigen und

Angriffen Führungskräfte gerade in Krisensituationen und in Veränderungsprozessen ausgesetzt sind.

Erste Haifisch-Regel: Niemand erinnert sich morgen an die Rahmenbedingungen von heute

Folgendes kleines Gedankenspiel: Es ist zwei Jahre her, dass Ihr Geschäftsführer Herr H. zu Ihnen kam und Sie so mitleiderregend anblickte, dass Sie ihn beinahe adoptiert hätten. Mit weinerlicher Stimme sagte er damals: »Die hohen Beratungskosten bringen unser Unternehmen noch an den Rand des Ruins.« Sichtlich erschüttert lösten Sie die Verträge mit Beratern auf, was viel Geld sparte und genauso viel Fachkompetenz kostete. Zwei Jahre später zeigen sich Fehler, die genau durch den Verlust dieser Fachkompetenz auftraten. Der Job Ihres Geschäftsführers ist dadurch gefährdet. Was glauben Sie, wird Herr H. zu Ihnen sagen?

- Antwort A: »Ich trage die Verantwortung, schließlich habe ich Sie ja gebeten, die Kosten zu senken und die Beraterverträge aufzulösen.«
- Antwort B: »Sie hätten wissen müssen, dass die Auflösung der Beraterverträge katastrophale Folgen haben wird!«
- Antwort C: »Wieso haben Sie eigentlich vor zwei Jahren alle Beraterverträge aufgelöst?«

Ich wünsche Ihnen, dass Sie in Ihrem Unternehmen Antwort A erhalten. Meine ganz persönliche Erfahrung: Wenn Sie versuchen, höher gestellte Vorgesetzte daran zu erinnern, dass sie für die Rahmenbedingungen verantwortlich waren, werden Sie mit einem plötzlich auftretenden Fall von Gedächtnisverlust konfrontiert werden (»Haben wir jemals über das Thema

Beratungskosten gesprochen?«). Noch erstaunlicher geht es zu, wenn Sie es beispielsweise mit einem zwölfköpfigen Gesellschafterausschuss zu tun haben: Wie ein Blitz wird der Gedächtnisverlust alle zwölf auf einmal treffen.

Ist das die einzig mögliche Reaktion? Nein, es gibt noch eine Alternative, die jedoch nicht besser ist: Sie erleben einen blitzschnellen Haiangriff. »Wenn Sie diese These ernsthaft vertreten wollen, werde ich mich nicht mehr für Sie stark machen können.« Was freundlich ausgedrückt ist und heißen soll: »Noch ein Wort und Sie sind gefeuert!«

Dieser Falle entkommen Sie nur auf einem Weg: Kämpfen Sie von vornherein darum, alle Rahmenbedingungen zu bekommen, die Sie brauchen. Denn selbst wenn Sie es schriftlich haben, dass Ihnen die Rahmenbedingungen diktiert wurden, wird Ihnen das im Zweifelsfalls nichts nützen.

Zweite Haifisch-Regel: Die Interpretation der Fakten ist wichtiger als die Fakten selbst

Wenn Unternehmen in der Krise sind, kollektiver Aktionismus ausbricht und das Topmanagement wie bei einer Hexenjagd nach Verantwortlichen sucht, spielen sich erstaunliche Dinge ab: Manche Abteilungsleiter werden trotz schlechter Zahlen nicht zur Rechenschaft gezogen, weil diese Zahlen »schließlich nichts mit der Leistung des Kollegen zu tun haben, sondern ausschließlich auf dem generellen Rückgang des Weltmarkthandels beruhen.« Bei anderen hingegen gilt es schnell als ausgemacht, dass die »guten Umsatzzahlen weniger mit dem Kollegen selbst als mehr mit der erfolgreichen Modellpolitik des Herstellers« zu tun haben. Dem einen wird zugesprochen, dass er »der generellen Tendenz des Marktes zum Trotz verhältnismäßig geringe Verluste« eingefahren hat, dem anderen wird vorgehalten, dass »das Marktvolumen trotz Umsatzsteigerung bei weitem nicht ausgeschöpft wird«.

Im Haifischbecken lernen Sie schnell: Jede Zahl und jeder Fakt ist so interpretierbar, wie es unternehmenspolitisch passt. Sorgen Sie also stets dafür, dass die Zahlen und Fakten, für die Sie verantwortlich sind, positiv interpretiert werden. Streben Sie deshalb nicht nur gute Zahlen an, sondern sorgen Sie vor allem auch für die Meinungsführerschaft im Unternehmen! Erinnern Sie sich daran, was Sie im Kapitel *Der Feind in Ihrem Kopf* über Wahrheiten gelernt haben: Wahrheit ist eine Halluzination, auf die sich die Mehrheit verständigt hat.

Dritte Haifischregel: Gestalten Sie Ihre Erfolgsbilanz aktiv und kreativ

Kluge Manager wissen in Momenten größter Gefahr stets eine gute Erfolgsbilanz vorzuweisen. Ich möchte Ihnen das mit einem Beispiel verdeutlichen: Ein Manager hat einen Dreijahresvertrag unterschrieben. Er weiß, dass er im ersten Jahr beinahe unverwundbar ist. Noch werden alle Hoffnungen in ihn gesetzt, noch ist es teuer, ihn zu entsorgen. Dieser Manager wird alles daransetzen, die Situation des Unternehmens im ersten Jahr so katastrophal wie möglich zu beschreiben, hohe Verluste zu erzielen und diese seinem Vorgänger in die Schuhe zu schieben. In diese Verluste wird er alles hineinrechnen, was das Ergebnis der kommenden Jahre negativ belasten könnte. In den nächsten beiden Jahren wird er dann freudestrahlend steigende Gewinne vermelden können, sodass seine Erfolgsbilanz nach drei Jahren sehr gut aussehen wird.

Diesen kleinen Bilanztrick können Sie für sich verwenden:

Sorgen Sie dafür, dass Sie zu dem Zeitpunkt, an dem möglicherweise Entscheidungen für oder gegen Sie fallen, möglichst gut dastehen. Wenn Mitte Oktober Entscheidungen darüber fallen, wer geht und wer bleibt, helfen Ihnen die guten Zahlen aus dem Januar überhaupt nichts mehr. Versuchen Sie, mit allen Ihnen zur Verfügung stehenden Tricks Ihre Erfolgsbilanz in den wesentlichen Punkten positiv zu gestalten:

- Nehmen Sie rechtzeitig ein Projekt an, das Erfolg verspricht. Sorgen Sie dafür, dass Sie regelmäßig positive Nachrichten über die fantastische Wirkung des Projekts verkünden können. Idealerweise sind die positiven Wirkungen des Projekts von Monat zu Monat sogar besser. Manager lieben Kurven auf PowerPoint-Folien, die stetig nach oben weisen.
- Sorgen Sie dafür, dass die Zahlen, an denen Sie gemessen werden und die Sie beeinflussen können, eine Erfolgsgeschichte erzählen. Toller Umsatz im ersten Quartal, normaler Umsatz im zweiten und dritten Quartal, das erzählt keine Erfolgsgeschichte. Normaler Umsatz im ersten Quartal, besserer im zweiten und noch besserer im dritten, das macht Sie zum Erfolgsmenschen.

Vielleicht fragen Sie sich: »Was soll das Theater? Ich kann doch alles erklären.« So habe ich auch lange Zeit gedacht. Dann aber habe ich mehrfach erfahren müssen, dass alles, was erklärt werden muss, genau eine Erklärung zu viel ist. Jede Erklärung setzt voraus, dass sich Ihre Vorgesetzten intensiv mit der Materie und allen Argumenten auseinandersetzen wollen.

Bevor Sie das Risiko von langen Erklärungen auf sich nehmen, denken Sie noch einmal daran, was Denzel Washington in dem Film *Philadelphia* sagte: »Erklären Sie es mir als wäre ich ein Vierjähriger!« Gestalten Sie Ihre Erfolgsbilanz so, dass Sie mit einer einfachen Kurve und ein bis zwei einfach zu verstehenden Anmerkungen gut dastehen: »Am Anfang musste ich erst einmal die Altlasten meines Vorgängers beseitigen, seitdem geht es stetig bergauf.« Herrlich – versteht jeder!

Vierte Haifischregel: Überlegen Sie immer, was Ihnen morgen auf die Füße fallen kann!

In der Politik gibt es eine eiserne Grundregel: »Drücke dich stets so aus, dass selbst die böswilligste Interpretation deiner Worte nicht gegen dich verwendet werden kann.« Ich möchte Ihnen das mit einem Beispiel erklären.

X **Beispiel:** In einem Meeting sagt der Chef: »Wir haben in diesem Jahr ein extrem angespanntes Budget. Ich werde alles tun, um Entlassungen zu verhindern. Wenn jemand kündigt, wäre das natürlich gut fürs Budget, trotzdem ist es mein Ziel, alle Mitarbeiter zu behalten.« Wahrscheinlich können Sie sich schon denken, was der Flurfunk daraus macht: »Der Chef hat gesagt, er will, dass wir freiwillig kündigen, das wäre gut fürs Budget.«

Vielleicht sagen Sie jetzt: »Aber ich kenne viele Vorgesetzte, die so etwas andauernd sagen.« Das stimmt. Manche Führungskräfte können sich – aufgrund ihres Lebensweges, den bisher erreichten Erfolgen, einer besonders vertrauensvollen Beziehung zu ihren Vorgesetzten und Ähnlichem – hier mehr herausnehmen als andere. Es gibt Führungskräfte, die über Jahre hinweg damit durchkommen, ständig Dinge zu sagen, die ihnen später widerlegt werden oder die für Aufregung und Unruhe sorgen. Anderen wiederum wird sofort signalisiert, dass sie sich mit Ihren Äußerungen zurückhalten sollen.

Bedenken Sie immer: Gerade in Krisen und Umbruchzeiten müssen Sie jedes Wort auf die Goldwaage legen. Aus Sicht Ihrer Mitarbeiter sind Sie der Buhmann. Wenn Ihr Unternehmen Erfolg hat, heißt es von Ihren Mitarbeitern: »Wir haben den ganzen Erfolg gebracht und die da oben loben sich. Frechheit!« Wenn das Unternehmen in der Krise ist, müsste es logischerweise umgekehrt heißen: »Wir waren nicht so gut, aber die da oben übernehmen die Verantwortung. Das ist großartig!« Sagt aber niemand. Stattdessen heißt es: »Die haben uns in die Krise geritten, die müssen gehen.«

Vorsicht mit Worten! Sie können zum Bumerang werden, der Sie so schnell trifft wie Boxlegende Muhammad Ali seine Gegner Mitte der 6oer Jahre. Ali sagte damals von sich: »Ich bin so schnell! Als ich gestern Nacht im Hotelzimmer den Lichtschalter drückte, lag ich im Bett bevor das Licht aus war.«

Fünfte Haifischregel: Denken Sie nicht langfristiger als Ihre Vorgesetzten!

Ja, natürlich brauchen Maßnahmen im Unternehmen Zeit, um zu wirken. Und Sie haben vollkommen Recht, wenn Sie sagen, dass Sie nicht innerhalb einer Woche die Alpen nach Norddeutschland versetzen können. Und völlig richtig sagen Sie, dass Qualität dauert. Das wissen und sagen ja auch Ihre Vorgesetzten. Dummerweise sprechen sie ihre Sätze oft nicht ganz zu Ende. Wenn sie sagen »Natürlich geben wir Ihnen Zeit, nachhaltige Maßnahmen zu entwickeln« ergänzen sie in Gedanken »… solange Umsatz und Gewinn dabei kontinuierlich steigen und sich der Aktienwert des Unternehmens verdoppelt«.

Versuchen Sie keinesfalls, langfristiger als Ihre Vorgesetzten beziehungsweise die Gesellschafter Ihres Unternehmens zu denken. Erfolg darf nicht lange auf sich warten lassen, sonst tritt Haifischregel Nummer eins in Kraft: »Selbstverständlich denken wir langfristig. Aber muss denn das so lange dauern?« Selbst wenn Ihre Vorgesetzten Ihnen Zeit eingeräumt haben, erwarten sie schnelle Erfolge oder sie werden ungeduldig. Verblüffen Sie sie deshalb regelmäßig mit kleinen Zaubertricks:

- Präsentieren Sie stolz den Erfolg einer Verkaufsmaßnahme, die richtungsweisend für die künftige Strategie ist.
- Verteilen Sie ein positives externes Gutachten über die eingeleiteten Maßnahmen.
- Zeigen Sie einen positiven Trend in einem bestimmten Bereich auf, zum Beispiel durch eine Kundenumfrage oder einen Anstieg von Neukunden oder eine erhöhte Frequenz des Geschäfts durch Stammkunden.

Denken Sie an die Dramaturgie: Kein Zauberkünstler würde seinen besten Trick in der Mitte präsentieren. Sorgen Sie dafür, dass die Trends, die Sie zeigen, aufeinander aufbauen und immer stärker werden, bevor Sie zum gewünschten Termin das Grande Finale präsentieren. Doch Achtung: Das Grande Finale muss wirklich Grande sein. Es hat keinen Zweck, einen dünnen Hauch des Aufschwungs zu präsentieren, wenn ein Sturm von Ihnen erwartet wird. Falls Sie nicht genau wissen, ob am Ende ein laues Lüftchen oder ein Orkan steht, spielen Sie die Erwartungen lieber geschickt herunter.

Sechste Haifischregel: Verbuchen Sie Ihre Erfolge unbedingt für sich!

Wäre Erfolgsdiebstahl ein Strafdelikt, die Gefängnisse wären voll. Gehen Sie von Folgendem aus: Je härter Sie arbeiten und je größer Ihre Erfolge sind, desto mehr Menschen werden um Sie herumschwirren, die den Erfolg für sich verbuchen wollen. Dabei erleben Sie erstaunliche Sinneswandlungen: Der Kollege, der das Projekt durch seine destruktiven Kommentare fast zum Scheitern gebracht hat, glaubt nun ernsthaft, der Motor des Erfolgs zu sein, Ihre Berater werden sagen, ohne sie wäre alles unmöglich gewesen, und selbst der Hausmeister wird sich damit rühmen, dass er mit eisernem Besen durchgekehrt hat.

Dass sich andere mit Ihrem Erfolg brüsten, werden Sie nie verhindern können. Aber achten Sie unbedingt darauf, dass Sie den größten Teil vom Kuchen abbekommen! Und wirken Sie moderner Legendenbildung entgegen: Das Schlimmste, was Ihnen passieren kann, ist, dass Sie hart für den Erfolg arbeiten, den später alle auf sich verbuchen und zum Schluss sogar noch der Eindruck entsteht, Sie seien hilflos und inkompetent. Und das nur, weil Sie zu bescheiden waren, Erfolge offensiv auf sich zu verbuchen.

Weisen Sie immer darauf hin, dass Sie die Grundlage für den Erfolg geschaffen haben, indem Sie nicht sagen »Die Berater haben uns empfohlen, diese und jene Maßnahmen einzuleiten«, sondern immer darauf hinweisen, welchen Anteil Sie selbst an den Analysen hatten. Sagen Sie zum Beispiel: »Meine Analysen sind die Grundlage für die Arbeit der Berater gewesen. Darauf basieren nun folgende Handlungsempfehlungen.« Vergessen Sie trotzdem Haifischregel Nummer vier nicht: Betonen Sie stets Ihren Anteil an allem, was zum Erfolg beigetragen hat, aber lassen Sie genug Spielraum, damit Sie später nicht automatisch zum Nubbel werden.

Siebte Haifischregel: Beugen Sie schleichender Demontage vor!

Eine Krise ist die Stunde derer, die schon immer gewusst haben, dass alles schief gelaufen ist und dass die in der Vergangenheit beschlossenen Maßnahmen und getroffenen Entscheidungen falsch waren. In der Krise werden Sie selbst als kompetente Führungskraft schnell als Verlierer abgestempelt. Von Ihren Vorgesetzten und Kollegen werden Sie plötzlich behandelt als wären Sie ein beruflicher Pflegefall:

- Jeder Ihrer Schritte wird plötzlich kritisch hinterfragt,
- Ihr Vorgesetzter beginnt, Ihre Kompetenzfreiräume zu beschneiden,
- Sie werden aufgefordert, sich aus bestimmten Abläufen im Unternehmen herauszuhalten, damit die Berater ungehindert handeln können,
- Ihr Vorgesetzter beginnt, an Ihnen vorbei in Ihrem Kompetenzfeld Entscheidungen zu treffen,
- Kollegen, mit denen Sie bislang auf einer partnerschaftlichen Ebene zusammengearbeitet haben, distanzieren sich von Ihnen.

Auch die Tatsache, dass Ihr Rat und Ihr Urteil nicht mehr den Stellenwert haben, den sie vor der Krise hatten, schmerzt. Es tut weh, wenn das gesamte Gerüst Ihres beruflichen Selbstvertrauens plötzlich in sich zusammenbricht und wenn Sie spüren, dass um Sie herum hektischer Aktionismus verbreitet wird, ohne dass Sie in der gleichen Direktheit eingreifen können wie zuvor. Urteile wie »Er klammert eben an seinem Stuhl« oder »Er verteidigt seine falschen Entscheidungen immer noch« sind in einer solchen Situation schnell gefällt.

Diese schleichende Demontage müssen Sie unbedingt ver-

hindern! Auch wenn Ihre Position geschwächt ist: Bestehen Sie
darauf, Ihre Kompetenzen und Freiräume zu erhalten! Hören Sie
auf Ratschläge, aber wehren Sie sich von vornherein massiv gegen
jeden Versuch, bei Ihnen hineinzuregieren! Wenn Sie es nicht
gleich am Anfang tun, ist die Lawine kaum noch aufzuhalten.

Achte Haifischregel: Sammeln Sie Beweise und Indizien für die Richtigkeit Ihres Handelns!

Auch wenn Sie vor der Krise vieles, was Ihnen nach Lage der
Dinge objektiv wichtig und richtig erschien, aus dem Bauch
heraus entschieden haben, ist spätestens jetzt der Zeitpunkt gekommen, die Richtigkeit Ihres Handelns nicht nur darlegen,
sondern auch beweisen zu können. Gehen Sie davon aus, dass
alles, was Sie tun, ab sofort kritisch hinterfragt werden wird.
Am lautesten werden ärgerlicherweise diejenigen Ihre Entscheidungen anzweifeln, die üblicherweise keine Entscheidungen treffen: die Bedenkenträger, die stets an allem zweifeln, die
Aalglatten, die sich durchwinden.

Sie werden mit abenteuerlichen Theorien konfrontiert
werden: dass der Umsatz zusammengebrochen ist, weil Sie ver-
anlasst haben, größere Fenster in die Verkaufsräume einsetzen
zu lassen, dass die Kundenfreundlichkeit zusammengebrochen
ist, weil Sie durch Ihre hohen Zielvorgaben die Mitarbeiter verunsichert haben und so weiter und so weiter. Das Schlimme an
diesen Theorien ist: Da sich – wie ich Ihnen ja bereits geschil-
dert habe – die wenigsten Vorgesetzten die Mühe machen, sich
in komplexe Dinge einzuarbeiten, können Ihnen diese abenteuerlichen Theorien den Kopf kosten. Und das selbst dann, wenn
diese Pseudo-Ursachen bei normaler logischer Betrachtung als
völlig nebensächlich betrachtet würden.

Schritt 1: Argumente sammeln Schaffen Sie Beweise für die Richtigkeit von Entscheidungen, die Sie in der Vergangenheit getroffen haben. Wenn es keine Beweise gibt, dann sammeln Sie wenigstens Indizien! Wird Ihnen zum Beispiel vorgeworfen, Mitarbeiter durch hohe Zielvorgaben zu demotivieren, sammeln Sie Studien oder Fachbücher, in denen diese Thematik diskutiert wird. Oder nehmen Sie das Beispiel eines bekannten erfolgreichen Managers, der auf hohe Zielvorgaben als Erfolgsfaktor setzt. Verschaffen Sie sich Munition, damit nicht der Eindruck aufkommt, Sie seien der einzige Vorgesetzte auf der ganzen Welt, der Mitarbeitern hohe Ziele vorgibt.

Schritt 2: Argumente ausspielen Sie bitten um Konkretisierung. Wenn sich Ihr eigenes Handeln nicht von dem anderer unterscheidet, worin genau könnte dann eine Ursache liegen? Damit erreichen Sie zwei Dinge: Ihre Handlungsweise wird nicht mehr grundsätzlich infrage gestellt, es geht nur noch um Details. Und: Ihre Kritiker müssen Farbe bekennen, nachdenken und analysieren.

Neunte Haifischregel: Konzentrieren Sie sich auf die Aktivitäten, die honoriert werden!

Als Vorgesetzter haben Sie in Ihrem Verantwortungsbereich viele Baustellen und viele eigene Ziele: Natürlich wollen Sie Mitarbeiter optimal entwickeln, natürlich wollen Sie, dass in jedem Bereich alles läuft und natürlich wollen Sie gestalten und verändern. Deswegen sind Sie Führungskraft geworden. In einer Krise – so werden Sie feststellen – gelten andere Spielregeln, die Sie zunächst frustrieren werden: Sie haben doch so viel geleistet, so viel Engagement in die Sache gelegt und so viele Ideen eingebracht! Wie kann es sein, dass das alles nicht honoriert wird? Auch wenn es schwer fällt: Vergessen Sie diese Emotionen! Schlucken Sie Ihre Wut und Ihre Enttäuschung herunter und beginnen Sie mit einer sachlich logischen Bestandsaufnahme: Welche Aktivitäten sind es, die Ihren Arbeitsplatz sichern? Mit welchen Aktivitäten können Sie das von Ihnen erwünschte Ergebnis stark, weniger stark oder überhaupt nicht beeinflussen?

Konzentrieren Sie sich jetzt unbedingt auf die Aktivitäten, mit denen Sie das Ergebnis am meisten beeinflussen können. Schenken Sie den Aktivitäten, mit denen Sie das Ergebnis weniger stark beeinflussen können, nur geringe Beachtung. Und üben Sie keine Aktivitäten mehr aus, die das Ergebnis nicht beeinflussen! Letztere Regel wird umso wichtiger, je weniger Zeit Sie haben. Delegieren Sie solche Aktivitäten konsequent!

Zehnte Haifischregel: Bauen Sie Claqueure auf!

Egal, wie groß Ihr Fachwissen ist, egal, wie gut Sie Ihre Aufgaben erledigen, egal, wie sehr Sie sich abrackern. Wenn Sie sich in Ihrem Unternehmen umschauen, mit Kollegen aus anderen Unternehmen sprechen oder in Gedanken einfach nur Ihre bisherigen Arbeitsplätze durchgehen, werden Sie feststellen: Ohne ein Netzwerk kommen Sie nicht weiter. Und umgekehrt: Mit dem richtigen Netzwerk ist der Aufstieg leichter und auch die Verweildauer in den einzelnen Leitungsfunktionen ist höher. Ich möchte hier nicht darauf eingehen, wie Sie ein Netzwerk initiieren, was Sie von einem Netzwerk erwarten und wie Sie es pflegen, dazu gibt es Bücher wie zum Beispiel *Wie man Bill Clinton nach Deutschland holt* von Hermann Scherer. Ich möchte Sie vielmehr dafür sensibilisieren, welche

Netzwerkpartner Sie in Zeiten der Krise besonders pflegen und aktivieren müssen: Sie brauchen Claqueure in verschiedenen Stufen der Hierarchie.

Als Claqueur wird jemand bezeichnet, der auf Kommando applaudiert. Schauspieler und Künstler wissen den Wert von Claqueuren zu schätzen: Egal, wie schlecht der Auftritt war, egal, wie zweifelhaft die Inszenierung, Claqueure im Publikum und unter den Kritikern jubeln. Wenn Sie genau hinsehen, werden Sie feststellen, dass sich viele erfolgreiche Manager Claqueure halten, die immer dann jubeln, wenn es kritisch wird. Ihr Claqueur-Netzwerk braucht folgende Personen:

Einen Claqueur in mächtiger Position Suchen Sie sich jemanden, der Einfluss auf die Personen hat, die über Sie entscheiden. Es kann Ihr direkter Vorgesetzter sein, ein Gesellschafter oder eine einflussreiche Persönlichkeit auf einer hohen Hierarchieebene. Suchen Sie nach etwas, was Sie verbindet, beispielsweise das gemeinsame Alter, gemeinsame berufliche Stationen, gemeinsame Bekannte, gemeinsame Hobbys oder Ähnliches. Knüpfen Sie die Verbindung langsam! Fallen Sie niemals mit der Tür ins Haus, sagen Sie nicht: »Ich bin in der Not und brauche Hilfe!« Niemand möchte sich mit einem Verlierer verbünden! Knüpfen Sie die Verbindung mindestens ein halbes Jahr, bevor Sie sie aktivieren. Wenn Sie offiziell Kontakt aufnehmen, stellen Sie beispielsweise eine Frage zu einem Thema, in dem die Person Experte ist. Oder bitten Sie um Rat. Wenn Sie die Möglichkeit haben, beispielsweise am Rande eines Meetings informellen Kontakt aufzunehmen, fragen Sie nach privaten Dingen wie gemeinsamen Hobbys (das beste Segelrevier in der Ostsee et cetera). Der Gönner in mächtiger Position kann Ihr wichtigster Trumpf in der Krise werden. Aber Achtung! Manche Trümpfe können Sie nur einmal ausspielen!

Erwarten Sie nicht, dass Ihr Verbündeter sich dauerhaft für Sie einsetzt. Überlegen Sie daher genau, wann Sie den Trumpf ausspielen.

Claqueure in gleicher Position Ich habe Managerduos kennen gelernt, die stets und immer die Leistung des anderen hervorhoben. Wenn einer angegriffen wurde, sprang der andere ein. Wenn einer von beiden kritisiert wurde, kam der Gegenschlag mit doppelter Wucht. Sie haben ja bereits erfahren, dass die Interpretation von Fakten wichtiger ist als die Fakten selbst. Entsprechend brauchen Sie die Unterstützung eines Kollegen aus der Führungsebene oder von Fachleuten aus dem Unternehmen, die Fakten so interpretieren, wie es Ihnen nützlich ist. Wie auch beim Gönner in mächtiger Position erfolgt die Anbahnung des Kontakts auf gleicher Ebene vielfach über gemeinsame Interessen oder gemeinsame Hobbys.

Claqueure in unteren Hierarchieebenen Dies funktioniert am besten über Lob, Anerkennung und die Aussicht darauf, im Unternehmen gefördert zu werden. Ihr Verhältnis zu Ihrem Claqueur nach unten ist ähnlich wie das zu Ihrem Claqueur nach oben. Sie sind zugleich der mächtige Gönner eines Claqueurs und der Claqueur eines mächtigen Gönners. Seien Sie sich dieser Doppelrolle stets bewusst!

Gekaufte Claqueure Im Gegensatz zu den anderen Claqueuren handelt die Person, die Sie als Claqueur kaufen, nicht aus Sympathie, sondern aus eigenen Interessen heraus: Wenn Sie einen Berater einkaufen, der Sie mit scheinbar neutralen Argumenten unterstützt, steht dahinter sein Ziel, einen neuen Beratungsauftrag zu bekommen. Wenn Sie beispielsweise einen Gesellschafter als Claqueur kaufen, rechnet dieser damit, dass

Sie sich für seine Interessen einsetzen. Das macht es leichter und schwieriger zugleich. Leichter deshalb, weil der Kontakt relativ leicht herzustellen ist und Sie die Ziele der Koalition offen miteinander besprechen können. Schwieriger deshalb, weil die Koalition nur solange hält, wie das gemeinsame Interesse vorhanden ist. Vorsicht: Eine Interessenskoalition mit Personen aus höheren Hierarchiestufen bringt Sie schnell in Abhängigkeiten, die Sie vielleicht gar nicht wollen. Der Schutz in der Krise von heute ist unter Umständen der Keim eines Loyalitätskonflikts von morgen!

Das Netzwerk der Claqueure gehört zu den effektivsten Waffen in der Krise. Es dient dazu, Sie zu stärken, Ihre Leistungen vor anderen hervorzuheben oder auch mächtige Gegner zu schwächen (siehe dazu das Kapitel *Guerillas am Arbeitsplatz*). Alle Methoden, die Sie in diesem Buch kennen gelernt haben und noch kennen lernen werden, können Sie mithilfe von geschickt platzierten Claqueuren noch besser einsetzen.

- Willkommen im Haifischbecken: In der Krise gelten in Führungsetagen andere Spielregeln.
- Das wichtigste Überlebensinstrument von Haien ist ihr Gebiss: Dementsprechend schnell beißen sie zu.
- Haie akzeptieren nur andere Haie. Lernen Sie, nach den Haifischregeln zu spielen.

9.

Guerillas am Arbeitsplatz

»Wieder eine schlaflose Nacht. Die können uns doch nicht alle rausschmeißen? Meine große Tochter ist gerade in die Schule gekommen, und ich habe Angst, dass ich bald arbeitslos werde.« So lautet das Zitat eines verzweifelten Familienvaters aus einem Internet-Forum von Allianz-Mitarbeitern. Andere Einträge beschreiben die Krisenstimmung im Unternehmen selbst: »Es herrscht das blanke Entsetzen«, schreibt ein User. Allianz-Mitarbeiterin Steffi ergänzt: »Diese Ungewissheit zerfrisst einen.«

Steffis Ungewissheit dauert lange. Sehr lange. Zwischen der ersten Nachricht, dass das Management den Konzern umbauen und möglicherweise Stellen streichen will und der tatsächlichen Ankündigung des Stellenabbaus im Juni 2006 vergehen neun Monate.

Was passiert in Zeiten solcher Unsicherheit? Bilden die Mitarbeiter von Unternehmen eine – im wahrsten Sinne des Wortes – Allianz? Halten sie zusammen, Hand in Hand, Arm in Arm? Oder verschärft sich das Klima eher noch? Wird die Kollegin, mit der Sie gestern noch gut zusammengearbeitet haben, plötzlich zur ernstzunehmenden Konkurrentin um Ihren Arbeitsplatz? Beginnen sich Mitarbeiter kritisch zu beäugen und sogar zu hintergehen?

In der Krise verschärft sich das Klima

Die Internet-Jobbörse *StepStone* hat 562 Arbeitnehmer zum Betriebsklima in der Krise befragt. Das Ergebnis: Nur 13 Prozent der Befragten antworteten, dass sie jetzt erst recht zusammenhalten, 70 Prozent sagten, dass sich das Betriebsklima verschlechtert.

Die Angst um den Arbeitsplatz ist ein idealer Nährboden für Schikanen und Intrigen. Die Tatsache, dass Kollegen von heute auf morgen zu Konkurrenten werden, ist – so schreibt die Bundesanstalt für Arbeitsschutz und Arbeitsmedizin in ihrer Studie *Mobbing-Report* – eine der Hauptursachen für Mobbing. Unter anderem heißt es in der Studie, »dass Mobbing eine Form der Karrierestrategie darstellt und benutzt wird, um MitkonkurrentInnen auszuschalten«.

In diesem Kapitel möchte ich Sie dafür sensibilisieren, womit Sie rechnen müssen, wenn Kollegen plötzlich zu Guerillas mutieren und beginnen, Sie hinter Ihrem Rücken zu bekämpfen. Die Strategien, die sie dabei einsetzen, sind die gleichen, die Guerilla-Einheiten in Krisengebieten wie dem Südlibanon, dem Irak und dem Gaza-Streifen anwenden. Ich habe diese Strategien in einer Reihe von Krisengebieten aus erster Hand kennen gelernt: Den Militärkommandanten der Hisbollah-Miliz traf ich in einem Geheimversteck im Südlibanon, im nordirakischen Gebirge begleitete ich Einheiten der kurdischen Untergrundorganisation PKK und im Kosovo war ich mit Soldaten der UCK unterwegs, die dort gegen das serbische Militär kämpften. Sie werden diese Strategien in diesem Kapitel kennen lernen, und ich werde Ihnen zeigen, wie Sie dadurch Guerillas am Arbeitsplatz entlarven und sich gegen sie zur Wehr setzen können.

Beispiel: Günter M. arbeitet seit 10 Jahren als Kundenberater ✗ in der Filiale einer Bank. Der Vorstandsvorsitzende des Unternehmens wird häufiger in der Presse mit der Bemerkung zitiert, dass die Bank im nationalen und internationalen Vergleich zu wenig Rendite erwirtschafte. Aus vielen Beispielen anderer Banken weiß M., dass »mehr Rendite« häufig gleichbedeutend mit »Arbeitsplatzabbau« ist. Die ersten Gerüchte machen sich breit, der Vorstand suche nach Einsparungsmöglichkeiten im Filialgeschäft. »Ich könnte mir vorstellen«, sagt ein Kollege, »dass von den fünf Kundenberatern einer gehen muss.«

Als seinen Hauptkonkurrenten macht Günter M. einen zehn Jahre jüngeren Kollegen aus. Im Gegensatz zu ihm ist der jüngere Kollege, der seit acht Jahren im Unternehmen ist, rhetorisch gewandt. Außerdem hat er sich weiterentwickelt, Seminare besucht und zusätzliche Qualifikationen erworben. »Es wäre logisch, ihn zu behalten und mich zu entlassen«, denkt sich M. Er steigert sich in die Situation hinein und beginnt, systematisch nach Schwächen seines potenziellen Konkurrenten zu suchen: Er stellt fest, dass sein jüngerer Kollege Kunden nicht beachtet, wenn er voll und ganz in eine bestimmte Sache vertieft ist. Und ab und zu nimmt M. Anrufe von Kunden entgegen, die auf schon längst versprochene Unterlagen warten, die der Kollege jedoch erst zwei Tage später fertigstellt.

Beides hat Günter M. früher nie beachtet, doch jetzt sieht er es als Chance: Er weiß, dass Höflichkeit und Zuverlässigkeit Dinge sind, auf die der Filialleiter besonderen Wert legt und beginnt, kleine Fehler seines jüngeren Kollegen systematisch zu sammeln. Seinem Chef gegenüber macht er regelmäßig Bemerkungen mit dem Ziel, seinen potenziellen künftigen Konkurrenten in den Augen des Filialleiters als nicht kundenfreundlich und unzuverlässig abzustempeln. Dabei nutzt M. ein Vokabular, das Sie in der Luftpumpen-Strategie bereits kennen gelernt haben: Er bläst Nebensächlichkeiten auf, sodass sie eine größere Bedeutung bekommen und stark verallgemeinert werden. Er sagt nicht: »Der Kollege ist gerade so in einen Vorgang vertieft, dass er Kunden nicht bemerkt.« Sondern: »Der Kollege scheint mir manchmal autistische Züge an sich zu haben. Er ist dann so mit sich beschäftigt, dass er Kunden nicht bemerkt.«

Wir alle machen täglich die Erfahrung, dass in einem Konkurrenzkampf der Bessere gewinnen sollte: Im Sport sollte das beste Team oder der beste Spieler gewinnen. In einem Film sollte der beste Schauspieler die Hauptrolle bekommen. Und in einem Unternehmen sollten (normalerweise) die besten Mitarbeiter weiterkommen. Aus vielen Erfahrungen wissen wir auch, dass man auf zwei Wegen dazu kommen kann, der Beste zu sein: weil man selbst besser ist. Oder weil der andere schlechter ist. Aber nicht immer setzt sich der tatsächlich Bessere auch durch.

Die Strategien der Konkurrenten

Auch beim Konkurrenzkampf im Unternehmen gilt: Der Stärkere setzt sich durch. Und wie beim Sport heißt es dabei: Entweder weil der eine besser oder weil der andere schlechter ist. Es gibt zwei Wege, mit denen Kollegen versuchen können, in einem Konkurrenzkampf Ihnen gegenüber die Nase vorne zu haben.

Die Wachstumsstrategie Ihre Kollegen arbeiten hart daran, sich und ihre Fähigkeiten konsequent weiterzuentwickeln. Die Folge: Ihre Kollegen wachsen und wachsen. Sie haben dann nur zwei Möglichkeiten: Entweder wachsen Sie mit oder Ihre Kollegen wachsen irgendwann über Sie hinaus.

Die Demontagestrategie Statt daran zu arbeiten, selbst zu wachsen, sorgen Ihre Kollegen dafür, dass Sie schrumpfen, indem sie Ihnen beispielsweise konsequent wichtige Fähigkeiten absprechen oder Ihre Qualifikationen abwerten. Kollegen, die die Demontagestrategie einsetzen, verfahren nach dem Prinzip: Unter Riesen ist der Normalwüchsige klein. Unter Zwergen ist er ein Riese.

Ich bin sicher, dass Sie Kollegen kennen, die sich bei jeder Gelegenheit über andere erheben, indem sie deren Arbeit kritisieren und behaupten, dass ihnen Fehler unterlaufen. Diese Menschen haben ganz offensichtlich das Ziel, ihre Kollegen zu demontieren. Eigentlich sollte so ein Spiel leicht zu durchschauen sein, doch in einer Konferenz, in der ein Kollege mit ernster Miene und sonorem Tonfall die Arbeit eines anderen kritisiert, in der er aber gleichzeitig betont, dass es ihm nur um die Sache gehe, wird diese subtile Form des Mobbings häufig sogar mit Kompetenz verwechselt. Und glauben Sie bitte nicht, dass Vorgesetzte darauf nicht hereinfallen würden! Sie haben in diesem Buch bereits einiges über Beurteilungsfehler erfahren. So billig und leicht durchschaubar die Demontagestrategie erscheinen mag, in vielen Fällen funktioniert sie erschreckenderweise.

Wie anfällig Ihr Unternehmen beziehungsweise Ihre Abteilung für Intrigen und subtile Machtspiele ist, können Sie mit den folgenden fünf Fragen des Guerillatests herausbekommen.

10. Der Guerillatest: Wie anfällig ist Ihr Unternehmen?

	Stimme ich zu	Stimme ich nicht zu
Auch wenn es nicht offen ausgesprochen wird: Kollegen stehen bei uns in einer Konkurrenzsituation um den Arbeitsplatz.		
Es gibt Mitarbeiter, die sich über Kollegen und ihre Leistungen abwertend äußern.		
Mein Chef achtet sehr darauf, ob Mitarbeiter Fehler machen.		
Vieles wird hinter dem Rücken des Betreffenden besprochen. Sachliche offene Kritik ist selten.		
Unser Chef beurteilt Mitarbeiter in erster Linie aus dem Bauch heraus. Dabei spielen Meinungen eine große Rolle.		

Wenn Sie vier oder sogar fünf Aussagen zugestimmt haben, lässt sich Ihre Situation mit zwei Worten beschreiben: Alarmstufe rot! Vielleicht ist der Konflikt bei Ihnen im Unternehmen noch nicht ausgebrochen, weil Ihr Vorgesetzter und Ihre Kollegen den Ernst der Lage noch nicht erkannt haben. Doch wenn es ernst wird, müssen Sie damit rechnen, dass das Klima in Ihrem Arbeitsumfeld drastisch umschlägt!

Guerilla-Taktiken am Arbeitsplatz

Ich werde jetzt bewusst das Vokabular wechseln: Wer versucht, Sie zu demontieren, erklärt Ihnen den Krieg. Und benutzt dafür eine der hinterhältigsten Taktiken, die ich als Kriegsreporter kennen gelernt habe: die Guerilla-Taktik. Guerillas – ob in Unternehmen oder in Kriegsgebieten – operieren ausschließlich aus dem Hinterhalt. Ihr Ziel ist es, den Gegner dort treffen, wo er verwundbar ist. Die PKK-Kämpfer, die mir im Nordirak ihre Taktiken erklärt haben, warteten tagelang auf einen günstigen Moment, um auf einen Soldaten der türkischen Armee zu schießen. Bevor sie angriffen, mussten drei Voraussetzungen erfüllt sein. Erstens: Die Armee, die sie angreifen, ist für einen Augenblick verwundbar. Zweitens: Sie schaffen es, der überlegenen Armee wirklich einen Schaden zuzufügen. Drittens: Sie können ihren Anschlag unerkannt ausführen.

Wie verwundbar sind Sie?

Bemerken Sie die Parallelen? Ein Kollege, der Sie bewusst schwächen will, greift Sie nicht dort an, wo sie unverwundbar sind. Er kritisiert nicht Ihre Umsätze, wenn diese gerade gestiegen sind. Er greift auch nicht das Projekt an, das Sie gerade erfolgreich zum Abschluss gebracht haben. Er sucht stattdessen nach Ihren verwundbaren Stellen: Die Tatsache, dass Sie im vergangenen Monat zweimal zehn Minuten zu spät waren, wird verallgemeinert und plötzlich haben Sie den Ruf des notorisch Unpünktlichen, dass Sie bei einer Feier im Unternehmen etwas zu viel getrunken haben, macht Sie zum Alkoholiker, und dass Sie sich über ihre Kollegen aufgeregt haben, macht aus Ihnen einen hysterischen und emotional unberechenbaren Menschen.

Seien Sie sich deshalb immer Ihrer Stärken, aber auch Ihrer verwundbaren Stellen bewusst! Überlegen Sie sich bei jeder Ihrer Schwächen, ob andere sie überspitzen oder verallgemeinern können und wie groß die Gefahr ist, die davon ausgeht. Wenn ein Kollege Ihnen nachsagt, Sie wären geizig und ein Streber, diese beiden Eigenschaften jedoch genau die sind, die auch die Manager des Unternehmens auszeichnen, können Sie beruhigt sein: Diese Angriffe sind vielleicht lästig, aber nicht existenzgefährdend.

Wenn Ihnen jedoch jemand nachsagt, Sie würden durch Ihre Arroganz alle Kunden verschrecken, hat dieses Gerücht für Ihre Karriere das Potenzial einer nuklearen Katastrophe. Ergreifen Sie unbedingt Maßnahmen, um diese Schwäche einzudämmen oder zu beiseitigen!

Notieren Sie in Tabelle 3 Ihre schwachen Punkte, überlegen Sie, ob diese Schwächen das Potenzial für eine Überspitzung oder Verallgemeinerung haben und ob Ihnen das gefährlich werden könnte und beschließen Sie konkrete Maßnahmen, um Ihre schwachen Stellen zu schützen.

Bitte nehmen Sie gerade in Krisenzeiten selbst kleinste Demontageversuche nicht auf die leichte Schulter! Mobbing als Karrierestrategie ist leider eine sehr effektive Waffe und deshalb so ziemlich das Letzte, was Sie in Ihrem Unternehmen brauchen.

Erfolglose Reaktionen

Im bereits zitierten *Mobbing-Report* wurde gefragt, wie sich Mitarbeiter gegen Guerillas am Arbeitsplatz wehren: Drei Viertel versuchen eine Aussprache herbeizuführen. Die Erfolgsaussichten? Praktisch keine. In vier von fünf Fällen ist der Versuch, eine Klärung per Gespräch herbeizuführen, blockiert und unterdrückt worden. Nur sieben von 100 Klärungsversuchen waren erfolgreich.

Tabelle 3: Ihre Schwächen und ihr Gefahrenpotenzial

Schwäche	Überspitzung/ Verallgemeinerung	Gefahrenpotenzial	Maßnahmen
Zu harte Kritik; unfreundliche Art	Ständige Angriffe auf Kollegen, unsachlich, Choleriker	Groß	Mentaltraining
Wichtigen Kunden verloren	Verschreckt durch seine Arroganz alle Kunden	Groß	Konzentration auf schnelle Erfolge, Lobbriefe von zufriedenen Kunden
Manchmal zu spät kommen	Notorisch unpünktlich	Mittel	Seminar zum Zeitmanagement
Geizig	Hat Stacheldraht in den Hosentaschen	Klein	Keine

Die meisten Betroffenen reagierten mit einer sogenannten Vogel-Strauß-Politik, indem sie die Situation einfach ignorierten, den Kontakt mit dem Angreifer mieden und keinen Anlass für weitere Attacken boten. Interessant waren die Antworten auf die Frage, was die Betroffenen rückblickend anders machen würden. Die eindeutige Empfehlung ehemaliger Mobbing-Opfer lautet: frühzeitiger und massiver zur Wehr setzen – mithilfe eines Anwalts, des Betriebsrats oder von Kollegen.

Damit Sie sich wehren können, müssen Sie Guerillas erst

einmal durchschauen, Sie müssen ihre Waffen und ihr Umfeld kennen lernen. Ich werde Sie Ihnen vorstellen und Ihnen zeigen, wie Sie sich von vornherein massiv zur Wehr setzen können.

Die Waffen der Guerillas

Um Menschen zu überzeugen, sind nach der Lehre des griechischen Philosophen Aristoteles drei Dinge notwendig: Ethos, Pathos und Logos.

Ethos sind der Charakter und die Autorität eines Menschen, die Basis für jede Form von Überzeugungsarbeit. Egal ob Sie Menschen von sich oder von einer Sache überzeugen wollen: Jedes Ihrer Worte wird nur dann Gehör finden, wenn Sie die notwendige Autorität besitzen. Nehmen wir an, jemand möchte Sie von der Qualität eines Autos überzeugen: Wem vertrauen Sie mehr? Einem Verkäufer oder einem Experten der Stiftung Warentest? Mit hoher Wahrscheinlichkeit dem Experten, weil er in Ihren Augen die Autorität hat, Ihnen die Qualität des Autos näher zu bringen.

Das zweite Element ist Pathos: Die Fähigkeit, ein Publikum emotional zu erreichen. Es gibt Redner, die einfach besser sind als andere: Sie sprechen in verständlichen Bildern, sie inszenieren ihren Auftritt, sie setzen Mimik und Gestik ein. Sie erleben oft in Besprechungen, dass sich Kollegen mit ihren Ansichten durchsetzen, nur weil sie die besseren Redner sind.

Der letzte Punkt ist Logos: Die Kraft der Argumente. Häufig konzentrieren wir uns darauf, die richtigen Argumente zu wählen, vergessen aber, dass Ethos die Grundlage von allem ist.

Was hilft Ihnen die gewaltigste Rhetorik, was helfen Ihnen die besten Argumente, wenn Ihnen nicht die Kompetenz zugesprochen wird? Vielleicht erinnern Sie sich daran, dass Dieter Bohlen vor einigen Jahren in der Presse verkündete, er wolle in die Politik gehen. Die erste Frage der Presse war die nach seinem Ethos: Was gerade er, als Plattenproduzent und ehemaliger Popstar, der Politik bringen könnte? Bohlen antwortete dem Magazin *GQ*: »Als erfolgreicher Unternehmer weiß ich, wo es lang geht.« Er hatte verstanden, dass er sein Ethos als Unternehmer hervorheben muss, wenn er in einer ernsthaften Diskussion um Wirtschaftspolitik überhaupt nur wahrgenommen werden will.

Ethos gehört zu Ihrem wichtigsten Kapital! Und genau hier setzen Guerillas am Arbeitsplatz an: Sie zerstören Ihre Autorität. Es geht darum, Ihnen die Basis zu entziehen.

So schwächen Guerillas Ihre Autorität

Beispiel: Claudia Z., die neue Personalmanagerin eines Pharma-Herstellers, stellt ihr erstes Konzept auf dem wöchentlichen Führungskräfte-Meeting vor. Ihre Aufgabe ist nicht einfach: Nachdem die Fluktuation in dem Unternehmen zugenommen hat, wurde sie mit einem Projekt beauftragt, dessen Ziel es ist, weitere Kündigungen von Fachkräften zu verhindern. Sie schlägt einen 360-Grad-Feedback-Prozess vor, bei dem nicht nur Führungskräfte Mitarbeiter beurteilen, sondern Mitarbeiter auch ein Feedback über ihre Führungskräfte geben.

Dieses Projekt hat mächtige Gegner. Während der Diskussion argumentiert Hans A., der Leiter der Forschungsabteilung, ein solches Feedback sei ein falscher Ansatz: Nicht die Führungskräfte seien das Problem, sondern die finanziellen Anreize. Das Geld für aufwändige Beratungsprojekte solle lieber in die Mitarbeiter investiert werden. Argumente werden ausgetauscht, doch es ist keines dabei, das überzeugend ist. Am Ende wird die Entscheidung auf die darauffolgende Woche vertagt.

Hans A. recherchiert und findet heraus, dass im vorherigen Unternehmen, in dem Claudia Z. beschäftigt war, mehrere Führungskräfte gehen mussten. In dem Unternehmen hatte es zuvor einen 360-Grad-Feedback-Prozess gegeben. Diese beiden Fakten hatten zwar nichts miteinander zu tun, doch das ist eine Tatsache, die der Leiter ignoriert. Weiterhin findet er im Internet einen Aufsatz von Claudia Z., in dem diese über den Führungsstil von Chefs als Ursache von Kündigungen schreibt. In der Woche zwischen den beiden Meetings spricht Hans A. unter anderem mit seinen beiden Kollegen aus dem Vertrieb und dem Marketing. Er äußert den Verdacht, die Kollegin wolle sich auf Kosten langjähriger Führungskräfte profilieren. In ihrem alten Unternehmen seien nach dem Prozess mehrere Manager entlassen worden. Zudem scheine es ihm, als würde die Personalmanagerin einen Generalverdacht gegen Führungskräfte hegen. Als Beleg nennt er den Aufsatz. Hans A. hat dabei ein Ziel: das Projekt abschießen, indem er die Autorität der Personalmanagerin schwächt. Der Hintergrund: A. würde lieber Paul P., einen jungen Personalreferenten, in der Rolle des Personalleiters sehen, weil er zu ihm einen guten Kontakt aufgebaut hat.

In der nächsten Besprechung begegnen die Führungskräfte Claudia Z. mit Misstrauen. Am Ende wird ihr Vorschlag einstimmig abgelehnt. Der Grund waren weder ihre Argumente, noch ihre Präsentation, sondern der Fakt, dass der Leiter der Forschungsabteilung ihr Ethos untergraben hatte.

Guerillas am Arbeitsplatz wissen, dass die Zerstörung von Autorität eine der effektivsten Methoden ist. Ihre beliebtesten Waffen sind Gerüchte und Unwahrheiten, die gestreut werden. Einige dieser Gerüchte können so effektiv sein wie ein Kopf-

schuss: Plötzlich heißt es, Sie seien psychisch krank, alkohol-
abhängig oder würden einer Praktikantin nachstellen. Oder
Ihnen wird unterstellt, dass Sie auf Kosten von Kollegen
Karriere machen wollen. Das Perfide daran ist, dass sich die
Quelle des Gerüchts häufig nicht identifizieren lässt und Sie als
Betroffener kaum die Möglichkeit haben, sich zu wehren. So
wie die Personalmanagerin in dem Beispiel, die nicht einmal
wusste, was hinter ihrem Rücken geschah.

Das Umfeld der Guerillas

Wie ist es möglich, dass Guerillas am Arbeitsplatz in Ruhe
Projekte verhindern und Kollegen demontieren können, ohne
dass sie dafür zur Rechenschaft gezogen werden? Wie kann
es sein, dass jemand Gerüchte in die Welt setzt, die von allen
kolportiert werden, ohne dass es der Betroffene auch nur ahnt?
Auch auf diese Fragen finden sich die Antworten in Krisengebieten.

Wenige Tage vor Ausbruch des Kosovo-Krieges war ich im
Kampfgebiet und drehte Reportagen mit Kämpfern der UCK.
Es gab keine klare Front: Die serbische Armee kontrollierte
den Großteil des Gebiets sowie die größeren Städte. Die UCK
kontrollierte nur kleine Frontabschnitte in den Bergen. Als ich
zusammen mit einer Guerilla-Einheit durch das UCK-Gebiet
fuhr, wurde mir klar, warum sich die Soldaten halten konnten:
Sie bekamen Unterstützung von der zivilen Bevölkerung.

Die Zivilisten stellten vor allem die Versorgung der Einheiten sicher und sorgten dafür, dass sich die Kämpfer zwischen
ihren Einsätzen problemlos als Bauern oder Arbeiter tarnen
konnten. Die Motive der Zivilbevölkerung waren nicht alleine
Solidarität, sondern teilweise auch Angst davor, dass sich die

mörderische Kraft der Guerillas gegen sie selbst richten könnte. Ob aus Solidarität oder aus Angst: Die kämpfenden Einheiten wurden von einer Mauer des Schweigens umgeben, die sie schützte.

Auch in Unternehmen können Guerillas nicht ohne ein Umfeld von Unterstützern agieren. Im Gegenteil: Dieses Umfeld ist sogar eine wesentliche Voraussetzung für den Kampf. Nichts wäre für einen Guerilla am Arbeitsplatz gefährlicher, als wenn sich Kollegen plötzlich gemeinschaftlich beim Chef darüber beschweren, dass ein Mitarbeiter Gerüchte streut. Die stille Zustimmung, die heimliche Unterstützung und die Mauer des Schweigens sind für die verdeckten Angreifer unerlässlich.

Guerilla-Gruppen im Unternehmen

Es gibt noch mehr Parallelen zwischen Krisengebieten und Unternehmen in der Krise: Je stärker Guerillas werden, desto offener treten sie auf. Wenn sie sich der Unterstützung der Mehrheit sicher sind, lassen sie ihre Tarnung irgendwann vollkommen fallen. Sie wissen dann zwar immerhin, wer Sie angreift, dummerweise ist die Position der Angreifer inzwischen so stark, dass Ihnen das wenig nützt.

✗ **Beispiel:** Im Politikressort einer großen Tageszeitung gibt es fünf Redakteure. Drei von ihnen sind sich einig: Wenn es zu Entlassungen kommt, soll es den Kollegen Jürgen T. treffen. T. war vor drei Jahren in die Redaktion bestellt worden, um »frischen Wind« in das angestaubte Ressort zu bringen und seinen Kollegen von vornherein ein Dorn im Auge. Gemeinsam gehen die drei (natürlich hinter dem Rücken des Kollegen) auf die Suche nach Fehlern.

Rechtschreibfehler, angeblich ungenaue Recherche und angebliche Beschwerden erboster Leser. Die drei listen alles ganz genau auf. Irgendwann treten sie mit ernster Miene an den Chef heran und sagen, dass es zwar eigentlich nicht ihre Art sei, sie sich aber zum Wohle des Unternehmens zum Eingreifen gezwungen sehen. Und dann präsentieren sie dem Chef die Fehler. Es gibt ein erstes Gespräch zwischen Jürgen T. und dem Redaktionsleiter, das T. verunsichert. Die Kollegen melden weiter echte und angebliche Fehler. Behauptungen kommen hinzu: Seine Texte müssten überarbeitet werden, er sei zudem unpünktlich und damit eine Belastung. Irgendwann geht die Taktik auf: Als Arbeitsplätze abgebaut werden, trifft es Jürgen T.

Undenkbar, sagen Sie? Auch hier kommt es auf das Umfeld an. Wie stehen Sie zu folgenden fünf Aussagen?

11. Der Umfeldtest: Wie leicht haben es Guerillas?

	Stimme ich zu	Stimme ich nicht zu
Es gibt bei meinen Kollegen die Tendenz zur Gruppenbildung.		
Innerhalb der Abteilung gehen die Vorstellungen von dem, was gut und was schlecht ist, auseinander.		
Mein Chef äußert nicht präzise, was er will.		
Mein Chef steht nicht voll hinter mir.		
Mein Chef geht oft den Weg des geringsten Widerstandes.		

Wenn Sie mehr als drei dieser Aussagen zugestimmt haben, herrscht in Ihrem Arbeitsumfeld ein Klima, das es Guerilla-Gruppen einfach macht, gemeinsam aufzutreten. Ihr Vorgesetzter spielt dabei eine Schlüsselrolle. Je weniger er bereit ist, Widerstände zu durchbrechen, desto einfacher haben es Guerilla-Gruppen.

- Guerilla-Angriffe (in Form von Mobbing) sind leider für manche Ihrer Kollegen eine Karrierestrategie!
- Achten Sie auf Ihre Schwachpunkte! Guerillas wollen Ihre Autorität zerstören.
- Analysieren Sie Ihr Umfeld: Wie anfällig ist es für Guerilla-Taktiken?

10

So wehren Sie sich gegen Guerilla-Angriffe

Jetzt wissen Sie, dass Sie eventuell in Ihrem Unternehmen von Guerillas angegriffen werden, noch allerdings haben Sie keine Ahnung, was wer wann tun oder sagen wird und welche Auswirkungen das haben könnte. Ihr Arbeitsumfeld ist so übersichtlich wie ein Froschteich. Alles quakt wild durcheinander: Wer zum Angriff quakt, wer gerade dabei ist, eine Koalition der Quäker zu bilden, all das hören Sie nicht heraus. Auch ob hinter Ihrem Rücken anders gequakt wird als offiziell, müssen Sie erst noch herausfinden.

Manager kennen das Froschteich-Problem: Auch die verschiedenen Interessensgruppen ihres Unternehmens quaken ständig durcheinander: Die Vertreter der fest angestellten Frösche wollen über Arbeitszeitmodelle reden, Amtsfrösche über die Einhaltung von Umweltstandards, lokale Politikfrösche quaken, weil sie ein höheres Engagement des Unternehmens im sozialen Bereich fordern und Aktionärsfrösche verlangen mehr Kröten.

Um Ordnung ins Chaos zu bringen, gibt es im Management Instrumente wie die »Stakeholder Analyse«, die ich Ihnen in diesem Kapitel vorstellen werde. Sie werden erfahren, wie Sie den Einfluss von Kollegen messen können, welche Informationen Sie über potenzielle Angreifer brauchen und wie Sie sich verteidigen können.

Gewinnen Sie den Überblick: Wer hat Einfluss auf Ihren Arbeitsplatz?

Für das Management eines Unternehmens ist es wichtig, regelmäßig die wichtigen Interessensgruppen, ihre Ziele, ihren Einfluss und potenzielle Strategien für den Umgang mit ihnen zu notieren. Im Buch *Der Strategieprozess* von Markus Venzin, Carsten Rasner und Volker Mahnke wird das Verhältnis zwischen Shell und Greenpeace als Beispiel genannt: Als Shell die Bohrinsel Brent Spa im Meer versenken wollte, startete Greenpeace eine Kampagne gegen das Unternehmen, die unter anderem zu einem Verbraucherboykott gegen Shell geführt hat. »Umweltgruppen wie Greenpeace wurden über Nacht zur wichtigsten Interessensgruppe«, heißt es in dem Buch.

Mithilfe der Stakeholder Analyse erkennen Sie die verschiedenen Interessensgruppen in Ihrem Arbeitsumfeld. Manchmal bestehen die Interessensgruppen nur aus einer einzigen Person, nämlich Ihrem potenziellen Konkurrenten, manchmal sind die Gruppen größer. Wenn Sie beispielsweise in der Personalabteilung eines Unternehmen arbeiten und den Außendienst betreuen, steht und fällt Ihr Ansehen damit, wie sehr Sie dem Außendienst den Rücken freihalten. Es kann Ihnen nichts Besseres passieren, als dass der Leiter des Außendienstes über Sie sagt, Sie würden durch Ihr großes Engagement dafür sorgen, dass die Kollegen sich voll und ganz auf den Verkauf konzentrieren können.

Die Stakeholder Analyse hilft Ihnen dabei, die wichtigsten Einflussfaktoren in Ihrem Unternehmen und Ihrem Arbeitsumfeld zu notieren und Maßnahmen für den Umgang mit ihnen zu entwickeln. Notieren Sie im ersten Schritt alle potenziellen Interessensgruppen, die Einfluss auf den Erhalt Ihres Arbeitsplatzes haben könnten. Ein aufstrebender Kollege, der

Ihren Arbeitsbereich übernehmen möchte, gehört hier definitiv hinein. Die Leiterin einer benachbarten Abteilung, die zwar freundlich ist, aber keinen Einfluss auf Sie hat, können Sie solange ignorieren wie ihr Einfluss gering bleibt.

Tabelle 4: Die Stakeholder Analyse

Interessens- gruppe, Kollege	Ziele	Einfluss	Maßnahmen

So messen Sie den Einfluss von Kollegen

Wenn Sie den Einfluss von Kollegen im Unternehmen messen wollen, müssen Sie sie beobachten. Wer setzt sich mit einer Meinung durch? Was sind die Mittel dieser Person? Auf welchem Fundament beruht dieser Einfluss? Ist es ihr selbstsicheres Auftreten, ist es eine Aura der Angst, die sie versprühen oder sind es ihre guten Umsätze? Achten Sie dabei vor allem auf die Signale, für die Sie blind geworden sind! Ich habe es erlebt, dass ein externer Kollege nach einem halben Tag in der Lage war, mir die verschiedenen Einflussgruppen im Unternehmen und ihre Ziele aufzuzählen. Er hatte genau das Gleiche beobachtet wie ich. Wir haben die gleichen Signale empfangen, nur war ich für Signale wie Blicke, Tonfall und Wortwahl inzwischen blind geworden.

Wechseln Sie die Perspektive!

In Kreativseminaren, die ich häufiger in Unternehmen durchführe, arbeiten wir mit einer Methode, die »Perspektivenwechsel« heißt. Die Teilnehmer des Seminars versetzen sich bewusst in eine andere Rolle und betrachten ein Problem aus einer vollkommen anderen Perspektive. Ein Manager versetzt sich in die Rolle einer jungen Mutter und geht ihren Tagesablauf durch. Ein Produktentwickler betrachtet das neue Handy, das er gerade entwirft, aus der Perspektive eines Teenagers, eines Geschäftsmannes und eines Seniors. Diese Methode hilft Teilnehmern, auf Dinge aufmerksam zu werden, für die sie blind geworden sind.

Versuchen Sie, Ihr Arbeitsumfeld einmal aus der Rolle eines Psychologen oder eines Machtspielers zu betrachten. Nehmen wir an, Sie wählen die Perspektive eines Psychologen, der die verschiedenen Einflussgruppen im Unternehmen unauffällig analysieren soll, der also keine offenen Interviews führen darf. Ihr einziges Mittel ist die Beobachtung. Achten Sie auf folgende Dinge:

Gesprächsdynamik Wer dominiert Besprechungen? Mit welchen Mitarbeitern spricht der Vorgesetzte, mit welchen nicht? Wer greift wen an? Wer kritisiert wen und wer lobt wen? Lob, Kritik und Aufmerksamkeit – obwohl diese eigentlich rein objektiv und nur an der Sache orientiert sein sollten – werden häufig als Mittel zur Sicherung von Einfluss eingesetzt. Wer kritisiert, erhebt sich über andere. Gruppen, die sich gegenseitig loben, sind – wenn sie es nicht zu plump anstellen – denen gegenüber im Vorteil, deren Arbeit unerwähnt bleibt. Fragen Sie sich immer: Sind Kritik und Lob hier sachlich gerechtfertigt oder ein taktisches Mittel?

Tonfall und Mimik Menschen verraten ihre Gefühle häufig durch die Art, wie sie mit anderen sprechen. Dem einen gegenüber sind sie verständnisvoll und aufgeschlossen, dem anderen gegenüber verhärten sich Blick und Ton. Sie können daraus schnell Rückschlüsse auf die Einflussgruppen im Unternehmen ziehen.

Blicke Wer sieht wen direkt an? Wer weicht Blicken aus? Bei wem erkennen Sie Unterwürfigkeit, wer sieht auf wen – im wahrsten Sinne des Wortes – herab?

Wortwahl Wer drückt sich vorsichtig und im Konjunktiv aus? (»Ich könnte mir vorstellen, das könnte so sein.«) Wer spricht im Gegensatz dazu bestimmt und überzeugend? (»Das ist so!«)

Bündeln Sie Ihre Informationen, indem Sie für jeden Mitarbeiter notieren, wie groß sein persönlicher Einfluss ist und – wenn er einer Gruppe zugeordnet werden kann – wie groß der Einfluss der Gruppe ist.

Beispiel: Für Personalmanagerin Claudia Z. aus dem Beispiel von Seite 175 wird mithilfe der Stakeholder Analyse schnell klar: Die größte Gefahr geht von Hans A., dem Leiter der Forschungsabteilung, aus. Paul P., ihr Konkurrent aus der Personalabteilung, hat ein großes Interesse daran aufzusteigen, sein Einfluss ist jedoch begrenzt. Die beiden Kollegen aus den Bereichen Vertrieb und Marketing – so stellt Claudia Z. fest – sprechen stets mit einer Stimme. Die Personalmanagerin fasst sie zu einer Gruppe zusammen und gibt den beiden den Namen »V&M-Duo«. Die Ergebnisse überträgt Claudia in eine Matrix, die im Management »Stakeholder Matrix« genannt wird.

Abbildung 12: Stakeholder Matrix

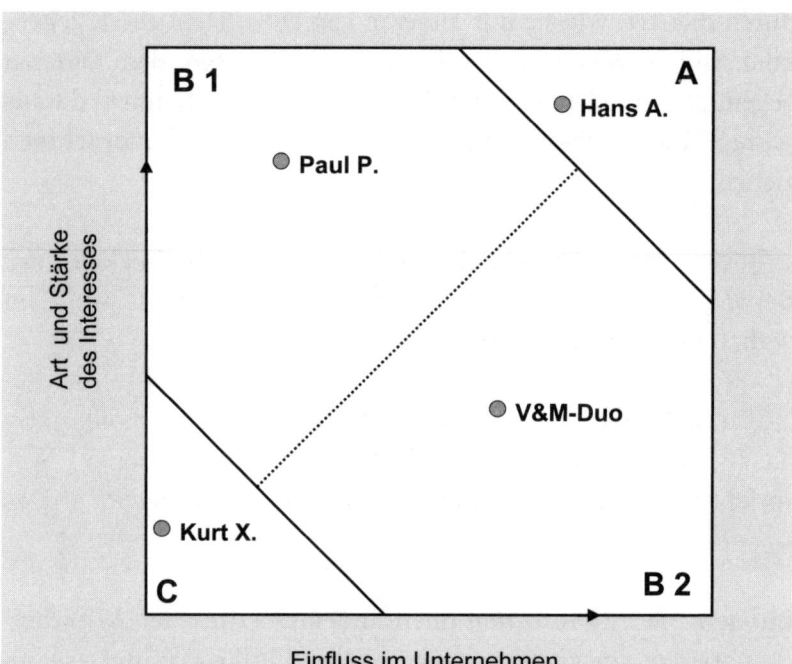

Diese Matrix zeigt Claudia ganz klar, wo die einzelnen Beteiligten stehen. Ihren Kollegen Kurt X., der ständig nörgelt und dem sie bislang große Beachtung geschenkt hat, wird sie künftig ignorieren: Er ist zwar lästig, hat aber letztlich weder ein besonders großes eigenes Interesse an ihrer Kündigung noch Einfluss im Unternehmen.

Von Hans A. und Paul P., das wird aus diese Analyse deutlich, geht für Claudia Z. die größte Gefahr aus. Hans A. verfolgt im Unternehmen starke eigene Interessen, sein Einfluss auf Kollegen ist groß. Paul P., ihr potenzieller Konkurrent, ist nur im Bündnis mit Hans A. stark. Und das V&M-Duo ist einflussreich, aber neutral. Claudia entwickelt folgende Strategie: Wenn es nicht möglich ist, Hans A. einzubinden, muss sie ihn isolieren, indem sie das V&M-Duo künftig frühzeitig in ihre Projekte einbindet. Da die beiden wenig eigene Interessen verfolgen, können sie gute Verbündete werden. Außerdem beschließt sie, Paul P. zu verunsichern, indem sie ihm regelmäßig einredet, dass Hans A. hinter seinem Rücken schlecht über ihn redet.

Insider-Tipp: So setzen erfolgreiche Manager Projekte durch ←

Erfolgreiche Manager wissen, dass sie Projekte nur selten gegen den Widerstand anderer durchsetzen können. Sie beachten von vornherein die Standpunkte der einflussreichen Gruppen oder Personen, binden diese so früh wie möglich ein und sorgen dafür, dass alle das Projekt verstehen. Erst wenn sie sich hinter den Kulissen ausreichende Zustimmung gesichert haben, besprechen sie das Projekt offiziell. So stellen sie sicher, dass sie niemals in einem Meeting oder vor Kollegen als Verlierer dastehen. Dieses Vorgehen hat weitere Vorteile: Wenn Sie sich frühzeitig die Unterstützung anderer sichern, können sie später häufig auch deren Ressourcen nutzen, was den Erfolg des Projektes voranbringt ▪

Was Sie über Ihre Guerilla-Kollegen wissen müssen

Die meisten Menschen haben zwar keine minutiös durchstrukturierten Lebenspläne, aber doch eine gewisse Vorstellung davon, wohin sie wollen. Die einen sind damit zufrieden, die Aufgaben, die sie seit 15 Jahren erledigen, auch die nächsten 20 Jahre zu erledigen. In einer Krisensituation würden sie versuchen, das Erreichte zu verteidigen, mehr nicht. Andere suchen ständig nach Möglichkeiten, Vorteile zu erlangen und weiterzukommen. Die einen sind glatt wie ein Aal und schlängeln sich an der Karriereleiter hoch, die anderen kommen nach oben, weil sie regelmäßig andere von der Karriereleiter herunterschubsen.

Wie im Krimi: Suchen Sie nach Motiv und Gelegenheit!

Gerade in Krisenzeiten tun Sie gut daran, über Kollegen, die Ihnen gefährlich werden könnten, zwei Dinge zu wissen. Haben sie ein Motiv, um Ihnen zu schaden? Und haben sie die Gelegenheit dazu? Dazu sollten Sie die persönliche Situation, die berufliche Situation und die Einflussmöglichkeiten Ihrer Kollegen näher untersuchen.

Abbildung 13: Motiv und Gelegenheit

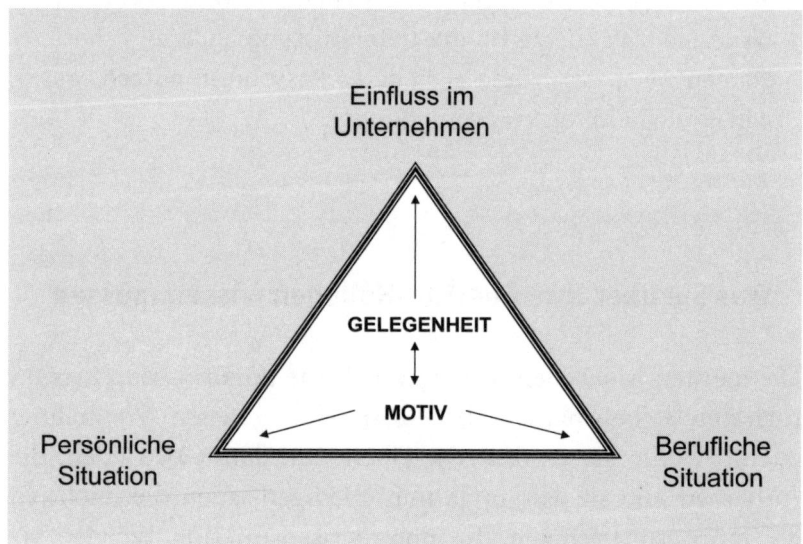

Die drei Schlüsselfaktoren persönliche Situation, berufliche Situation und Einfluss helfen Ihnen einzuschätzen, ob hinter den Zielen, die Ihre Kollegen vorgeben, andere Ziele stecken.

Persönliche Situation Sind die betreffenden Kollegen verheiratet und durch ein Haus fest an den Ort gebunden? Würden sie woanders nur schwer einen Arbeitsplatz bekommen? Erwarten Sie von ihnen einen größeren Widerstand als von Kollegen, die ohnehin gehen wollen und nur noch darauf warten, eine hohe Abfindung mitzunehmen.

Berufliche Situation Wie sicher ist der Arbeitsplatz der Kollegen? Welche offiziellen und inoffiziellen Positionen wollen sie erreichen? In welcher Geschwindigkeit? Und wie gehen sie dabei vor? (Denken Sie daran: Inoffizielle Positionen, beispielsweise höherer Einfluss im Unternehmen, sind ebenfalls Karriereziele!)

Einfluss Wie ist der Stand der Kollegen im Unternehmen? Sind sie aufgrund ihrer Kontakte zu Kollegen und Vorgesetzten in der Lage, Ihnen Schaden zuzufügen?

Erkennen Sie die Ziele hinter den Zielen!

Um die Ziele hinter den Zielen zu erkennen, müssen Sie Ihre Kollegen über einen längeren Zeitraum hinweg beobachten. Überlegen Sie, ob das Verhalten, das Sie sehen, zu den drei Schlüsselfaktoren passt.

Beispiel: Der Leiter der Forschungsabteilung hat das Ziel, das Projekt zu stoppen. Was ist das Ziel hinter dem Ziel? Geht es ihm aus rein sachlicher Überzeugung nur darum, das Projekt zu stoppen?

Hat er Angst vor zu viel Transparenz im Unternehmen? Oder will er die Personalmanagerin Claudia Z. bewusst demontieren, um einen ihm gefälligeren Kandidaten dort zu platzieren? Im ersten Fall kann die Personalmanagerin vorschlagen, gemeinsam mit ihm ein Alternativkonzept zu erarbeiten. Im zweiten Fall muss sie herausbekommen, wo seine Ängste liegen und versuchen, ihm diese Ängste zu nehmen. Der dritte Fall ist der schwierigste: Die Personalmanagerin muss um jeden Preis Stärke zeigen.

Wenn Sie das Gefühl haben, Ihr Kollege hat andere Ziele als er sagt, brauchen Sie es mit einer offenen Aussprache gar nicht erst zu versuchen: Das wäre ungefähr so sinnvoll wie der Versuch, ein Auto mit Wasser zu betanken. Der nachfolgende Test sagt Ihnen, ob Ihr Verdacht, da könnte ein Kollege an Ihrem Stuhl sägen, stimmt. Wenn Sie drei oder mehr der nachfolgenden fünf Aussagen zustimmen, haben Sie es mit einem Kollegen zu tun, auf den Sie aufpassen müssen! Sehen Sie sich Ihren Stuhl genau an: Finden Sie dort schon ein paar Kerben?

12. Der Sägetest: Sägt schon jemand an Ihrem Stuhl?

	Stimme ich zu	Stimme ich nicht zu
Mein Kollege würde von meiner Schwäche profitieren.		
Mein Kollege ist dafür bekannt, seine Ellenbogen einzusetzen.		
Die Fachkompetenz meines Kollegen rechtfertigt seine Position eigentlich nicht.		
Mein Kollege ist nicht immer ehrlich.		
Mein Bauchgefühl sagt mir: Vorsicht!		

Machen Sie den Lügentest

Falls Sie Schwierigkeiten hatten, die vorletzte Frage zu beantworten, möchte ich Sie mit einem Test bekannt machen, den ich als Polizeibeamter auf der Hamburger Davidwache regelmäßig eingesetzt habe, wenn ich den Verdacht hatte, Zuhörer einer Märchenstunde zu sein: den Lügentest.

Polizeibeamte werden im Laufe ihrer Karriere wahre Spezialisten für Lügengeschichten: Kaum ein Verdächtiger sagt gleich zu Beginn die Wahrheit und freut sich darauf, endlich ein Geständnis unterschreiben zu dürfen. Mithilfe der Fragen, die Polizisten verraten, ob ihr Gegenüber die Wahrheit sagt, können Sie Lügner und Kollegen, die es ehrlich mit Ihnen meinen, auseinanderhalten. Sie können ja schließlich nicht jeden Ihrer Kollegen an einen Lügendetektor anschließen.

Die Techniken, die ich Ihnen vorstelle, sind unauffällig und schnell durchzuführen. Probieren Sie es aus! Anschließend wissen Sie, woran Sie sind.

Wahrheitsfragen

Testen Sie, ob Ihr Kollege Fragen ehrlich beantwortet, die für ihn unangenehm sind. Ich betone: unangenehm, nicht existenzbedrohend. Eine Frage, bei der Ehrlichkeit keinerlei Konsequenzen hat, sondern einfach nur unangenehm ist. Wenn Sie bemerkt haben, dass ein Projekt Ihres Kollegen nicht optimal lief, sprechen Sie ihn darauf an. Bekommen Sie eine ehrliche Antwort, können Sie davon ausgehen, dass Ihr Kollege generell zur Glaubwürdigkeit neigt. Achtung! Ausgebuffte Lügner wissen, dass sie sich perfekt tarnen können, indem sie bei Fragen, die ihnen nur ein bisschen unangenehm sind, manchmal bewusst die Wahrheit sagen. Testen Sie den betreffenden Kollegen deshalb regelmäßig in Abständen, die Sie nicht verdächtig machen. Testen Sie ihn auf verschiedenen Gebieten und in verschiedenen Intensitäten.

Wiederholungsfragen

Bekannt aus jedem Krimi, aber ungemein effektiv: Kontrollfragen, mit denen Polizisten testen, ob eine Person bei einem bestimmten Sachverhalt bei einer Version bleibt oder nicht. Besonders Menschen, die häufiger lügen, neigen dazu, sich nicht alle Details ihrer Lüge zu merken. Dadurch verraten sie sich. Wenn Sie Ihren Kollegen testen wollen, dürfen Sie auf keinen Fall plump vorgehen! Fragen Sie nach einem bestimmten Abstand noch einmal nach Details, die Ihnen Ihr Kollege schon einmal früher erzählt hat. Finden Sie einen guten Grund, warum Sie noch einmal nachfragen. Oder beauftragen Sie einen Vertrauten in Ihrem Unternehmen, dem Kollegen die gleiche Frage zu stellen. Wenn Sie unterschiedliche Versionen bekommen, wissen Sie, woran Sie sind.

Verstrickungsstrategie

Wenn Polizeibeamte diese Strategie anwenden, legen sie es förmlich darauf an, dass ein Vernommener sein Lügengebäude aufbaut. Die Aussage wird exakt protokolliert. Nach und nach wird das Lügengebäude zum Einsturz gebracht. Diese Strategie eignet sich dann besonders gut, wenn Sie den wahren Ablauf einer Begebenheit bereits kennen. Sie wissen, dass in dem Projekt Ihres Kollegen etwas schief gelaufen ist. Sie haben konkrete Hinweise, dass Ihr Kollege einen Fehler gemacht hat. Sichern Sie diese Hinweise. In der Polizeisprache nennt man das: die Beweislage wasserdicht machen. Und dann lassen Sie den Kollegen – idealerweise vor Zeugen – seine Geschichte erzählen und in die Falle hineinlaufen. Sie erfahren später in diesem Kapitel noch, wie Sie das Ergebnis dieser Verstrickung taktisch geschickt nutzen können.

Loyalitätstest

Mit dieser Methode überprüfen Polizisten, ob aus einem Verdächtigen ein potenzieller Überläufer werden könnte. Durch gezielte Provokationen versuchen sie, ihn dazu zu bewegen, sich von seinem Umfeld zu distanzieren. Mit gezielten Provokationen können auch Sie herausfinden, wie loyal Ihr Kollege anderen Kollegen gegenüber ist. Die Vorlage liefern Sie mit einer Äußerung, die nur vom Tonfall her abwertend klingt. Eine Frage wie »Fandest du das wirklich gut?« kann – je nach Tonfall – positiv oder negativ aufgefasst werden. Springt Ihr Kollege auf diese Provokation an, wissen Sie, woran Sie bei ihm sind oder zumindest sein können. Wenn nicht, kann Ihnen die Frage nicht wirklich negativ ausgelegt werden.

Übrigens, der ideale Zeitpunkt für einen solchen Loyalitätstest sind Momente wie dieser: Der Kollege, den Sie testen wollen, hat sich gerade mit einem anderen Kollegen freundlich unterhalten. Unmittelbar danach hinterfragen Sie wie oben beschrieben, inwieweit diese Freundlichkeit nur gespielt oder echt war. Die Ergebnisse sind erstaunlich: Ich habe Kollegen erlebt, die gerade noch fast überschwänglich mit anderen geredet hatten, sich anschließend umdrehten und sagten: »Was für eine Flasche ...«

So setzen Sie sich gegen Guerillas zur Wehr

Um es gleich vorwegzunehmen: Wenn Guerilla-Kollegen Sie vom Pferd schmeißen wollen, befinden Sie sich in einer sehr schwierigen Situation. Es gibt unzählige Ansätze und Ratschläge in diesem Bereich: Gehen Sie zum Betriebsrat. Konsultieren Sie einen Anwalt. Suchen sie das Gespräch. Alle diese Ratschläge haben eines gemeinsam: Am Ende kann niemand dafür garantieren, dass sie auch funktionieren. Auch der Ansatz, den ich Ihnen vorstelle, hat keine Erfolgsgarantie – aber er hat sich in vielen Krisen, die ich beobachtet habe, bewährt.

Erinnern Sie sich: Die meisten Befragten im *Mobbing Report* haben gesagt, dass sie sich rückblickend früher hätten zur Wehr setzen müssen. Doch gerade die gezielte Gegenwehr wird häufig tabuisiert, um nicht noch mehr Unruhe ins Unternehmen zu bringen. Lieber wird ein schwelender, aber nicht offen erkennbarer Konflikt hingenommen, als dass es einen offenen Kampf gibt.

Wenn Sie planen, sich zur Wehr zu setzen, gibt es einige wichtige Fragen für Sie: Mit welchen Mitteln setze ich mich zur Wehr? Wie kann ich meine Position den betreffenden Kollegen gegenüber verbessern? Und was genau sind meine Ziele? Um es gleich deutlich zu sagen: Ich plädiere nicht dafür, dass Sie Ihre Kollegen aktiv bekämpfen. Aber ich möchte, dass Sie in der Lage sind, sich zur Wehr zu setzen, wenn Sie angegriffen werden.

Gewinnen Sie eine Position der Stärke zurück

In den Jahren, in denen ich aus verschiedenen Krisengebieten berichtet habe, habe ich etwas sehr Wichtiges gelernt: Niemand verhandelt mit einem schwachen Gegner, höchstens zum Schein. Verhandlungen zwischen Gegnern sind nur dann möglich, wenn beide Seiten der Meinung sind, dass sie im Krieg nicht mehr viel gewinnen können. Wenn Sie sich mit dem Verlauf von Krisen beschäftigen, werden Sie sogar folgendes Phänomen feststellen: Kurz bevor es zu Friedensverhandlungen kommt, sind die Gefechte häufig am schärfsten. Jede Partei versucht, sich in den letzten Stunden vor dem Waffenstillstand eine möglichst gute Position am Verhandlungstisch zu sichern, um dann aus einer Position der Stärke heraus Forderungen zu stellen.

Ihr erstes Ziel muss unbedingt darin bestehen, eine starke Position (wieder) zu erlangen. Fragen Sie sich selbst: Welchen Grund sollte Ihr Angreifer haben, mit den Angriffen auf Sie aufzuhören, wenn er sich a) mehr davon verspricht, Sie zu bekämpfen als Sie in Ruhe zu lassen und b) sein Tun für ihn folgenlos bleibt? Wie wir bereits vorhin gesehen haben, gibt es zwei Methoden, die eigene Position zu verbessern: Sich selbst zu stärken oder den Gegner zu schwächen. Die Methoden, die ich Ihnen vorstelle, sorgen für beides.

Vorsicht vor Kleinkriegen

Wenn Sie einen Gegner haben, der Sie mit Guerilla-Taktiken angreift, dürfen Sie sich auf keinen Fall auf einen Kleinkrieg einlassen. Ich habe es oft erlebt, dass Maßnahmen, mit denen sich ein Betroffener zur Wehr setzt, gegen ihn ausgelegt werden. Nicht vergessen: Jemand, der Sie angreift, handelt aus einer Position der Stärke und trägt im Unternehmen häufig sogar einen Heiligenschein. In der öffentlichen Wahrnehmung ist er der freundliche Kollege aus der Marketingabteilung, nicht der skrupellose Guerillakämpfer. Wenn Sie ihn bekämpfen wollen, müssen Sie herausfinden, wo Ihr Gegner verwundbar ist oder wie Sie ihn verwundbar machen können.

Setzen Sie die folgenden Taktiken nur zur Verteidigung ein! Im moralischen Sinne ist das, was ich Ihnen jetzt empfehlen werde, nicht immer zu vertreten. Aber bedenken Sie: Sie greifen nicht an, Sie wehren sich gegen jemanden, der zu verbotenen Methoden greift! Das kann außergewöhnliche Gegenmaßnahmen schon einmal rechtfertigen.

Zerstören Sie das Umfeld Ihrer Angreifer

Sie haben bereits gelesen, dass Guerillas – im Krieg und am Arbeitsplatz – nicht ohne ein Umfeld agieren können, das sie unterstützt. In Krisengebieten habe ich häufig erlebt, dass Armeen im Kampf gegen Guerillas ganz bewusst deren Umfeld angreifen, es entweder zerstören oder für die Unterstützung der Zivilbevölkerung werben. Die gleiche Taktik können Sie ebenfalls anwenden: Zerstören Sie das sichere Umfeld Ihrer Angreifer!

Sorgen Sie dafür, dass der Angriff auf Sie als Angriff auf alle gedeutet wird. Erinnern Sie sich an die Haifischregeln: Die Interpretation der Fakten ist wichtiger als die Fakten selbst! Bauen Sie gegenüber Kollegen folgende Argumentation auf: Die Person, die hinter Ihrem Rücken agiert, verfolge in Wahrheit andere Ziele, nämlich die, sich auf Kosten der Kollegen Vorteile zu verschaffen. Falls Sie kein Motiv erkennen können, erfinden Sie notfalls eines. Menschen sind anfällig für Verschwörungstheorien: Wenn Sie ein schlüssiges Argument erfinden, warum der Kollege nicht nur gegen Sie, sondern gegen alle agiert, wird man Ihnen glauben.

Die Schwächen Ihrer Angreifer sind Ihre Stärken

Suchen Sie systematisch nach Schwächen Ihres Angreifers! Eine fachliche Aussage, in der er widerlegt wurde, berufliche Misserfolge, Fehlverhalten am Arbeitsplatz oder im Umgang mit Kollegen und so weiter. Haben Sie die Möglichkeit, unerkannt die Historie der besuchten Internetseiten des Kollegen zu überprüfen? Sehen Sie nach, ob er private Internetseiten besucht hat. Schauen Sie nach Dienstschluss unauffällig in den Papierkorb des Kollegen oder prüfen Sie sein persönliches Fach. Wenn es Fehlverhalten gegeben hat: Schaffen Sie Aktenlage!

Es geht nicht darum, dass Sie Ihren Konkurrenten vor Ihrem Vorgesetzten schlechtmachen, sondern einzig und allein darum, dass Sie mit doppelter Kraft zurückschießen können, wenn auf Sie gefeuert wird. Wenn Sie angegriffen werden, sind Sie nicht mehr in Verteidigungshaltung, sondern Sie schlagen genau in dem Bereich zu, in dem Sie geschwächt werden sollen: beim Ethos.

Beispiel: Kurt B., der im Lager eines großen Zulieferers der Automobilindustrie arbeitet, wird häufiger von seinem Kollegen Fritz F. angegriffen. Öffentlich wirft dieser ihm vor, unordentlich zu sein, wodurch es zu Verzögerungen im Lager komme. Am Anfang verteidigte sich Kurt B., er sei nicht unordentlich und die Vorwürfe seien haltlos. Doch Fritz F. lässt nicht locker. B. entschließt sich, systematisch nach Schwächen bei F. zu suchen. Er wird fündig: Im Papierkorb findet er private Post von F. und der Verlauf seines Internet-Explorers zeigt, dass er auf der Suche nach einer neuen Wohnung bei mehreren Immobilienmaklern nach Angeboten geschaut hat. B. kontrolliert jetzt häufiger die Wiederwahltaste von seinem Telefon und stellt fest, dass F. häufiger Immobilienmakler angerufen hat.

Als er das nächste Mal angegriffen wird, reagiert B. scharf: »Wer Zeit hat, während seiner Arbeitszeit private Post zu erledigen und eine Wohnung zu suchen, sollte nicht über Zeitverschwendung reden.« Dann greift er in die rhetorische Trickkiste und überspitzt: »Unsere Firma ist kein Freizeitverein.« Anschließend nimmt er F. zur Seite, greift zum Alle-sind-der-Meinung-Trick und warnt: »Ich wäre sehr vorsichtig. Die Kollegen hier hassen Leute, die den ganzen Laden wegen ihrem privatem Zeug aufhalten.«

Stigmatisieren Sie Ihre Angreifer

Wenn Ihre Angreifer die ersten Warnschüsse nicht verstanden haben, müssen Sie an Härte zulegen. Grundlage sind auch hier die Schwachstellen derer, die Sie angreifen. Nehmen Sie zwei bis drei Schwächen und stellen Sie sie zum Beispiel mithilfe der Luftpumpen-Strategie möglichst plakativ dar.

✗ **Beispiel:** Ihr Angreifer hat sich Ihnen gegenüber zweimal im Ton vergriffen. Sie bekommen mit, dass er nun auch gegenüber einer Kollegin und einem jüngeren Kollegen gegenüber abfällig wird. Was Sie früher geärgert hat, nehmen Sie nun als dankbare Chance. Sie lassen sich keinen Anlass entgehen, das Verhalten zu erwähnen: »Es ist unfassbar, wie sich Kollege X. im Unternehmen aufführt. Was ist das für ein Mensch, der allen Kollegen gegenüber so abwertend auftritt?«

Je plakativer, desto besser. Wichtig: Wiederholen Sie die Vorwürfe gebetsmühlenartig! Ihr Ziel ist es, dass Ihr Kollege das Image des Rüpels bekommt. Warten Sie seelenruhig auf die nächste Verfehlung Ihres Kollegen. Und dann machen Sie daraus einen Skandal.

Professionelle Machtkämpfer beherrschen die Kunst des künstlichen Skandals: Eigentlich nebensächliche Sachverhalte werden sofort auf eine allgemeine Ebene gehoben, massiv überspitzt und mit einer plakativen Rhetorik angeprangert.

Beispiel: In einem Meeting greift ein Verkäufer eine Kollegin **X** aus dem Marketing an: »Ich hoffe, dass nicht wieder so eine schwachsinnige Kampagne kommt, sondern eine, die wirklich was bringt.« Sie schießt zurück: »Sie wollen doch nicht ernsthaft Ihre Leistungen auf die Arbeit der Marketing-Abteilung schieben? Ich erinnere daran, dass Ihnen ein wichtiger Kunde, den wir mühsam aufgebaut haben, abgesprungen ist und dass ich mehrfach Krisentelefonate mit Kunden geführt habe, die sich über Ihr Auftreten beschwert haben. Bei uns gilt ein einfacher Grundsatz: Steh zu dem, was du tust. Wenn Sie das nicht können, müssen wir das an anderer Stelle klären.«

Der künstliche Skandal entsteht dadurch, dass Sie a) Dinge massiv verallgemeinern, b) aus dem persönlichen Angriff einen Angriff auf die gesamte Abteilung oder sogar das gesamte Unternehmen machen und c) die Wirkung Ihrer Worte durch Überspitzung erhöhen. Aus einem normalen Kunden wird ein wichtiger Kunde, aus einer normalen Akquise wird ein Kunde, der »mühsam aufgebaut« wurde und aus einem normalen Feedback-Gespräch, in dem neben viel Lob auch Kritik geäußert wurde, wird ein »Krisengespräch«.

Der künstliche Skandal wird in Management-Kreisen gerne genutzt, um Führungskräfte, denen fachlich nicht wirklich etwas nachzuweisen ist, loszuwerden, beispielsweise um stattdessen einen loyaleren Kandidaten auf die Stelle zu bekommen.

Erkennen Sie, wann es genug ist!

Die Strategie, die ich Ihnen vorgestellt habe, ist definitiv keine, mit der Sie die Wogen glätten. Im Gegenteil: Sie greifen in die gleiche rhetorische Trickkiste, aus der sich Ihre Angreifer bedienen. Sie schädigen den Ruf von Kollegen. Ist das zu rechtfertigen?

Ich habe mehrfach die Erfahrung gemacht, dass Angreifer das Motto »Tust du mir nichts, tu ich dir nichts« umgedreht haben: »Du tust mir nichts, dann tu ich dir was.« Es gibt eine Reihe von Artikeln und Büchern, die sich damit beschäftigen, warum Menschen Opfer von Straftaten werden. Die Erkenntnisse lassen sich auf den Arbeitsbereich übertragen: Guerillas greifen dort an, wo sie Opfer finden. Machen Sie deutlich, dass Sie nicht vorhaben, zum Opfer zu werden!

Aber: Erkennen Sie, wann es genug ist. Hören Sie auf, wenn Sie Ihre Ziele erreicht haben. Ihr Ziel ist es, Ihre Existenz zu sichern, nicht Ihre Firma zu terrorisieren. Auch ein Haifisch muss nicht jeden Tag zuschnappen. Wir wissen auch so, dass er gefährlich ist.

- Gewinnen Sie den Überblick: Wer hat welche Interessen und welchen Einfluss?
- Versuchen Sie, die Ziele hinter den Zielen zu erkennen.
- Handeln Sie aus einer Position der Stärke. Geben Sie Angriffe mit unfairen Methoden keine Chance!

11

Ihr Überlebenskompass

Dieses Buch – das haben Sie beim Lesen gemerkt – verspricht Ihnen keine einfache Formel, die Sie in wenigen Minuten erlernen und die Sie einfach nur beachten müssen, damit Sie für immer glücklich und erfolgreich sind. Das wäre nicht ehrlich und würde nicht funktionieren. Wenn Ihr Unternehmen in eine Krise gerät, wenn Umstrukturierungen anstehen oder eine Entlassungswelle geplant wird, erhöht sich die Komplexität für alle Beteiligten enorm. Vorher war die Welt vielleicht nicht in Ordnung, aber sie war wenigstens überschaubar. In einer Krise können sich so viele Dinge ereignen, dass Sie ein umfangreiches Instrumentarium benötigen, das Sie flexibel einsetzen können. Dieses Instrumentarium haben Sie kennen gelernt.

Im letzten Kapitel dieses Buchs möchte ich Ihnen nun einen Weg vorstellen, die verschiedenen Methoden richtig auszuwählen und einen persönlichen Überlebensplan zu erarbeiten. Dieser Plan wird es Ihnen möglich machen, auf verschiedene Situationen unterschiedlich zu reagieren. Vielleicht strukturiert Ihr Unternehmen gerade um und es ist für Sie am wichtigsten, dass Sie sich vom No Name zum Markenprodukt mausern und die Fähigkeiten herausstellen, die in Zukunft gebraucht werden. Bei der nächsten Umstrukturierung – und das kann im Veränderungswahn vieler Branchen schon in einigen Monaten sein – haben Sie sich vielleicht bereits profiliert und eine gute

Position im Unternehmen erarbeitet, aber Sie haben mit Guerillas zu kämpfen, die massiv Ihre fachliche und persönliche Autorität angreifen.

Vielleicht findet Ihr Unternehmen auch Geschmack an Umstrukturierungen und künftig werden Posten häufiger neu besetzt, Abteilungen umgewürfelt, neue Bereiche erfunden und neue Visitenkarten gedruckt. Eine Mitarbeiterin eines großen Konzerns hat mir gesagt, dass ihr Arbeitsbereich ungefähr einmal im Jahr umstrukturiert wird. Es kommen immer wieder neue Chefs, die ihre Duftmarken setzen und Beratungsunternehmen, die große Veränderungen empfehlen. Letzteres nicht ganz uneigennützig: Berater verdienen nun mal an Veränderungen mehr als an Stillstand.

Bei jeder Veränderung werden Sie mit einer neuen Situation konfrontiert. Jedes Mal werden Mitarbeiter entlassen und jedes Mal werden Sie sich fragen: Überlebe ich auch diese Umstrukturierung? Nehmen Sie bei jeder neuen Krise dieses Buch zur Hand und überarbeiten Sie Ihren Plan. Damit Sie die Orientierung behalten, gebe ich Ihnen einen Überlebenskompass an die Hand, der Ihnen zeigt, wo es derzeit am meisten brennt und wo Sie Prioritäten setzen müssen.

12 Tests: Der Schlüssel zu Ihrer Strategie

Sie haben insgesamt 12 verschiedene Tests ausgefüllt. Alle diese Tests hängen miteinander zusammen. Sie zeigen vier Bereiche auf, die für Sie und Ihr berufliches Überleben wichtig sind:

- Die Situation Ihres Unternehmens: Wie krisengefährdet ist Ihr Arbeitsplatz?

- Ihre Position und Ihre Einstellung: Wie ist Ihr Stand im Unternehmen? Sind Sie bereit zur Veränderung?
- Die Kultur Ihres Unternehmens: Können Sie Fehler zugeben? Wie groß ist der Anpassungsdruck?
- Die Kollegen: Wie groß ist die Mobbing-Gefahr? Wird vielleicht sogar schon an Ihrem Stuhl gesägt?

Abbildung 14 stellt Ihnen den Überlebenskompass vor. Sie sehen, dass jeder Bereich durch drei Tests repräsentiert wird. Je nachdem wie vielen Aussagen Sie in den einzelnen Tests zugestimmt haben, erreichen Sie in den jeweiligen Bereichen eine Punktzahl zwischen 0 und 15. Je mehr Punkte Sie in einem Bereich sammeln, desto heftiger ist der Kompass-Ausschlag in diese Richtung.

Abbildung 14: Der Überlebenskompass

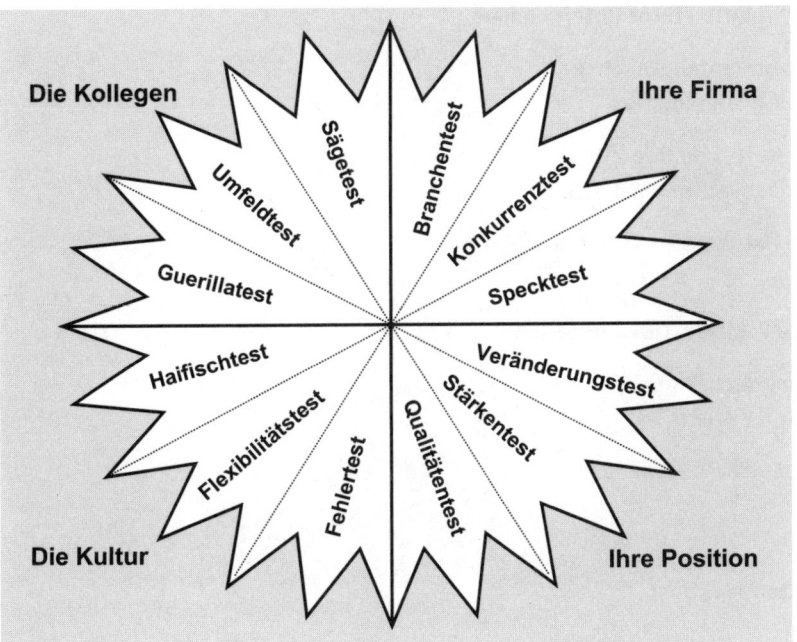

Dieser Kompass hilft Ihnen, die Bereiche zu identifizieren, die für Sie momentan wichtig sind und die Hebel zu erkennen, die Sie betätigen müssen. Er wird Sie so sicher durch das unübersichtliche Terrain der Veränderung leiten. Überprüfen Sie regelmäßig, in welche Richtungen die Nadeln ausschlagen und wie intensiv sie das tun!

Übertragen Sie jetzt bitte die Ergebnisse der 12 Tests auf die nachfolgenden Seiten. Wie oft haben Sie die Fragen der jeweiligen Tests mit Ja beantwortet?

Auswertung der Tests

Test	Ergebnis				
	1	2	3	4	5
Teil 1 Die Situation Ihres Unternehmens					
Branchentest: Tanzen Sie schon auf der heißen Herdplatte?					
Konkurrenztest: Sind Ihre Mitbewerber innovativer und besser?					
Specktest: Hat Ihre Firma Übergewicht?					
Teil 2 Ihre Position, Ihre Einstellung					
Veränderungstest: Wie sehr hängen Sie am Alten?					
Stärkentest: Setzen Sie auf das Richtige?					
Qualitätentest: Weiß Ihr Chef, was in Ihnen steckt?					

Teil 3 Die Unternehmenskultur					
Fehlertest: Müssen Sie Fehler vertuschen?					
Flexibilitätstest: Steht Ihr Rückgrat Ihnen im Weg?					
Haifischtest: Wie bissig ist das Topmanagement?					
Teil 4 Das Klima im Unternehmen					
Guerillatest: Wie anfällig ist Ihr Unternehmen?					
Umfeldtest: Wie leicht haben es Guerillas?					
Sägetest: Sägt schon jemand an Ihrem Stuhl?					

Übertragen Sie das Ergebnis der Tabelle in Abbildung 15 auf der nächsten Seite. Bei einem Ja machen Sie Ihr Kreuz innen in der Mitte, bei fünf Zustimmungen außen an der Spitze des Kompasses. Sie sehen nun, in welche Richtung der Kompass am stärksten ausschlägt.

So lesen Sie den Kompass richtig

Die nachfolgenden Abschnitte sind Ihr persönlicher Survival Guide. Setzen Sie Ihre Prioritäten danach, wie heftig Ihr Kompass in die verschiedenen Richtungen ausschlägt.

Abbildung 15: Überlebenskompass zum Eintragen

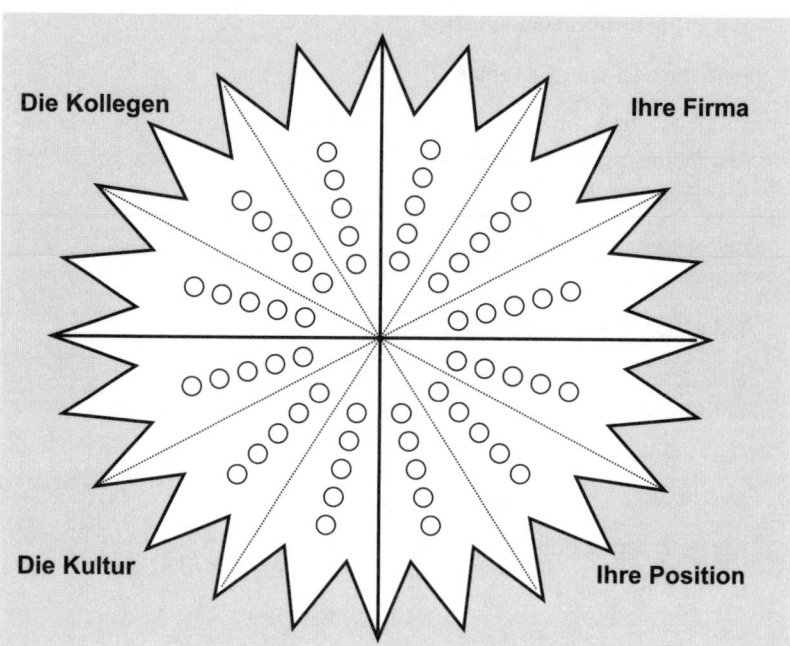

Der Kompass zeigt in Richtung Firma

Drei Tests in diesem Buch – der Branchen-, der Konkurrenz- und der Specktest – spiegeln beispielsweise folgende Situation wider: Ihr Unternehmen befindet sich in einem heiß umkämpften Markt, Sie verlieren Marktanteile, weil Ihre Konkurrenz Ihnen die Kunden abjagt und zu allem Überfluss ist Ihre Firma auch noch hoffnungslos überorganisiert. Was würden Sie als Verantwortlicher tun? Mit Sicherheit keine Champagnerflaschen öffnen. Es liegt nahe, dass Ihre Firma in dieser Situation binnen kürzester Zeit in eine Krise schlittern wird. Neben anderen Maßnahmen wird das Management eine Abmagerungskur beschließen und die Kosten senken.

Abbildung 16: Der Kompass zeigt in Richtung Firma

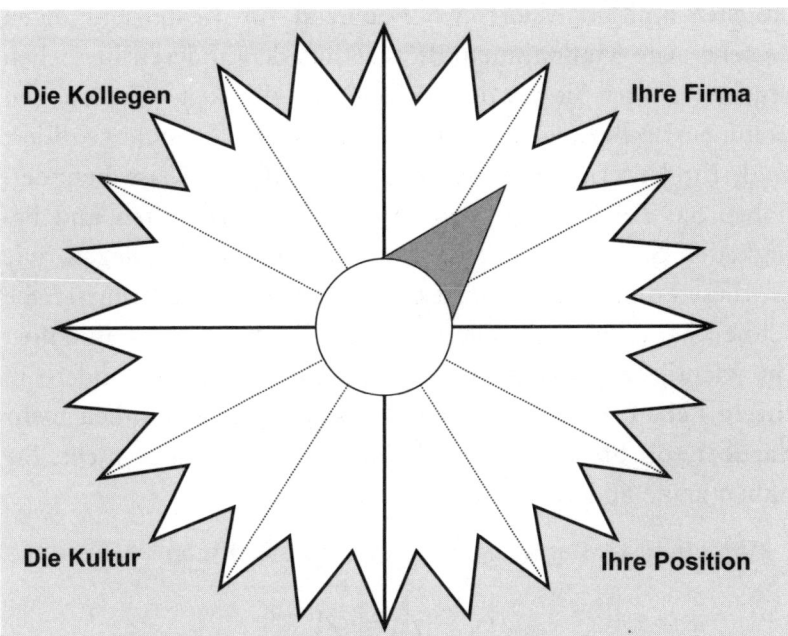

Genau so hat es der Chiphersteller Intel – wie auf Seite 43 angesprochen – im Sommer 2006 getan: Der Markt für PC-Chips war in den letzten Jahren heiß umkämpft und die Konkurrenz rückte dem bisherigen Branchenprimus näher. Genau in dieser Situation verzeichnete Intel einen Einbruch bei den Quartalszahlen. Die Folge: eine Radikaldiät. Die Intel-Chefs brachen Doppelstrukturen im Haus auf, 1 000 Manager mussten das Unternehmen verlassen. Glauben Sie bitte nicht, dass das Top-Management sich der Problematik dieser Doppelstrukturen nicht vorher schon bewusst war – doch erst in Zeiten der Krise wurden sie zum Problem.

Wenn Sie einen starken Ausschlag in diese Richtung haben, befindet sich Ihr Unternehmen kurz vor einer Krise oder bereits mittendrin. Sie können davon ausgehen, dass das Management schon darüber nachdenkt, welche strategischen Schritte es einleitet und analysiert, wo Potenzial für Kostensenkungen besteht. Alle Maßnahmen, die sich aus den anderen Bereichen ergeben, sollten Sie mit der nötigen Dringlichkeit versehen. Um es mit einem Beispiel zu verdeutlichen: Wenn Sie nicht profiliert sind, Ihr Unternehmen sich aber nicht in der Krise befindet, haben Sie Zeit zu analysieren, welche Eigenschaften und Fähigkeiten Sie langfristig voranbringen und zu überlegen, wie Sie diese kommunizieren. Ist die Krise bereits akut, müssen Sie schnell handeln. Die Sicherung Ihrer Existenz muss ab sofort Ihr wichtigstes Projekt nicht nur im Unternehmen, sondern in Ihrem Leben werden! Machen Sie sich keine Gedanken mehr darüber, ob Sie bereit zur Veränderung sind oder nicht. Sie haben keine andere Wahl!

Abbildung 17: Der Kompass zeigt in Ihre Richtung

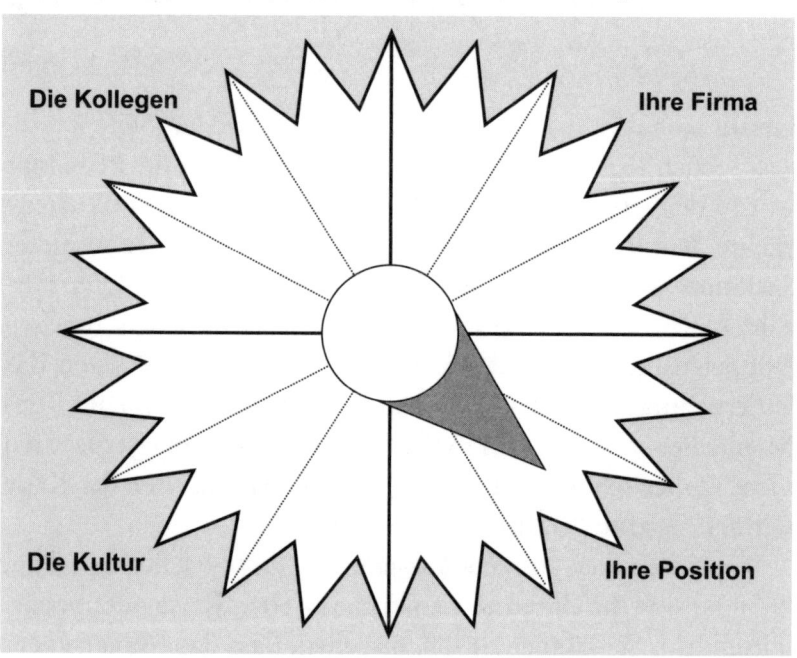

Der Kompass zeigt in Ihre Richtung

Sie sind noch nicht wirklich bereit zur Veränderung? Sie glänzen durch Stärken, die nicht gebraucht werden? Und Ihr Chef weiß nicht, was er an Ihnen hat? Sie wissen ja, dass ich sehr offen bin: Aus jetziger Sicht sind Sie kein Traumkandidat für die Weiterbeschäftigung. Falls ja, sind Sie mit hoher Wahrscheinlichkeit ein Entlassungskandidat. Die Gefahr wird größer, je mehr Punkte sich im Bereich rechts unten angesammelt haben!

Falls Sie noch nicht wissen, welche Fähigkeiten Ihnen bei Ihrem Chef Punkte bringen, ist es höchste Zeit, es herauszufinden. Wenn er ein fairer Vorgesetzter ist und Sie ein gewisses Maß an Vertrauen zu ihm haben, seien Sie offen: Führen Sie ein Gespräch mit ihm, in dem Sie ihn fragen, wie sich das Unternehmen seiner Ansicht nach entwickeln wird und welche Fähigkeiten in Zukunft wichtig sein werden. Beobachten Sie Ihren Chef in den nächsten Wochen ganz genau und analysieren Sie, was er als gut oder schlecht bewertet. Nutzen Sie jede Gelegenheit, Ihre Beobachtungen aufzuschreiben und zu einem stimmigen Gesamtbild zusammenzufügen. Versuchen Sie, sich selbst durch die Brille Ihres Vorgesetzten zu sehen. Unterliegt er Beurteilungsfehlern, wie sie in Kapitel *Vorsicht Kompetenzfalle!* beschrieben sind? Nutzen Sie sie!

Überlegen Sie, welches Bild von Ihnen im Kopf Ihrer Vorgesetzten entstehen soll, wie Sie Ihre Kommunikationsstrategie aufbauen und welche zweitklassigen Ersatzinformationen (siehe auch Seite 101–105) Sie über sich kommunizieren müssen. Wenn Sie mit Ihrem Chef reden, signalisieren Sie unbedingt Veränderungsbereitschaft, egal ob Sie innerlich schon so weit sind. Arbeiten Sie anschließend aber auf jeden Fall an sich, sodass es kein leeres Werbeversprechen bleibt!

Und bevor ich es vergesse: Versuchen Sie, alle sinnlosen Aufgaben so schnell (aber auch so unauffällig) wie möglich loszuwerden. Achten Sie darauf, dass Sie keine Aufgaben übernehmen, die unnütz sind. Suchen Sie sich so schnell wie möglich produktive Aufgaben (siehe *Sind Sie überflüssig?*, S. 39)!

Der Kompass zeigt in Richtung Unternehmenskultur

Auf Ihr Unternehmen und Ihre Abteilung trifft ein altes Sprichwort zu: »Der Fisch stinkt am Kopf zuerst.« Ihre Vorgesetzten bestrafen Fehler rigoros, womit sie eine Kultur des Fehlerver-

Abbildung 18: Der Kompass zeigt in Richtung Unternehmenskultur

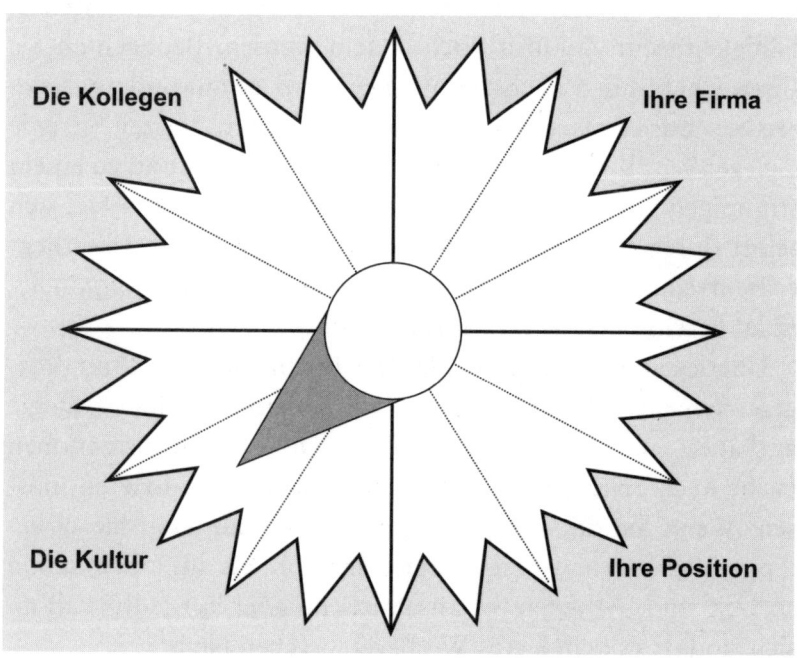

meidens schaffen. Wenn sie von »selbstständig denkenden Mitarbeitern« reden, meinen sie Mitarbeiter, die so denken wie sie. Und je mehr Punkten Sie im Haifischtest zugestimmt haben, desto weniger zieht das Management Ihres Unternehmens an einem Strang. Für Sie heißt das: in Deckung gehen. Denn egal, wo der Fisch stinkt, Sie sind auf ihn angewiesen.

Versuchen Sie, folgendes Bild zu verinnerlichen: Sie sind ein Seiltänzer. Je mehr Schritte Sie machen und je schneller Sie dabei laufen, desto größer ist das Risiko, daneben zu treten. Gehen Sie Ihre Schritte sorgfältiger und bewusster! Denken Sie bei jedem Schritt, den Sie tun, an die negativen Konsequenzen, die dieser Schritt haben könnte. Und nehmen Sie sich die Zeit, ein Sicherheitsnetz zu installieren, sodass Sie notfalls sicher fallen.

Ist das gut für Ihre Arbeit und Ihr Unternehmen? Nein. Als ich Beamter bei der Polizei war, gab es Pläne, dass künftig nur noch die Beamten befördert werden, gegen die keine oder nur wenige Disziplinarverfahren laufen. Der Gedanke dahinter war: Nur Beamte, die sich rechtmäßig benehmen, sollen weiterkommen. Die Folgen habe ich hautnah im Rotlicht-Milieu der Hamburger Reeperbahn erlebt: Es gab Zuhälter, die sich einen Sport daraus machten, engagierte Ermittler regelmäßig anzuzeigen. Die Folge: Je engagierter ein Beamter der Davidwache gegen die Hintermänner von Prostitution und Drogengeschäften vorging, desto geringer waren seine Chancen auf Beförderung. Und je fauler er war, je mehr er sich in seinem Büro verkroch, desto schneller wurde er befördert. Glücklicherweise merkte die Polizeiführung schnell, dass das System der Fehlervermeidung der sichere Weg zum Eigentor ist.

Wenn Mitarbeiter sich in alle Richtungen absichern, kein Risiko eingehen und im Zweifelsfall lieber nichts tun, ist das für Unternehmen genauso schädlich wie für Fahndungsabteilungen der Polizei. Denn beide leben vom Engagement ihrer Mitarbeiter. Vielleicht wird Ihr Unternehmen aufgrund der Kultur der Fehlervermeidung eines Tages von innovativeren Mitbewerbern überrollt werden. Doch momentan ist das nicht ihr Hauptproblem. Ihr Unternehmen will, dass Sie Fehler vermeiden? Bitte schön: Gehen Sie auf das Seil, aber spannen Sie vorher mindestens zwei zusätzliche Sicherheitsnetze, halten Sie sich beim Seiltanzen fest und überlegen Sie von vornherein genau, wie Sie mögliche Fehltritte so begründen, dass die Ursache nicht bei Ihnen liegt.

Der Kompass zeigt in Richtung Kollegen

Guerillas haben damit begonnen, aktiv an Ihrem Stuhl zu sägen? Oder sie haben es zumindest vor? Schauen Sie sich zunächst einmal Ihren Stuhl an: Wie weit sind die Sägearbeiten vorangeschritten? Ist das Stuhlbein erst angeritzt? Dann können Sie ruhig vorgehen und beginnen, nach und nach das Umfeld der Guerillas zu zerstören. Machen Sie Ihren Kollegen klar, dass sich jemand auf Kosten aller Vorteile verschaffen möchte. Es muss der Eindruck entstehen: Nicht Sie sind das wahre Opfer, sondern die Gemeinschaft!

Ist das Stuhlbein fast durchgesägt, müssen Sie zusätzlich zur aktiven Gegenwehr greifen. Finden Sie eine Schwäche Ihres Angreifers, suchen Sie nach handfesten Belegen und schlagen Sie zu: Machen Sie einen Skandal aus dem Angriff und stigmatisieren Sie den Angreifer oder versuchen Sie, genügend Beweise für eine Strafanzeige zu bekommen. Wichtig ist, dass Sie im Unternehmen nicht als Täter wahrgenommen werden, sodass es plötzlich zu öffentlichen Mitleidsbekundungen mit

Abbildung 19: Der Kompass zeigt in Richtung Kollegen

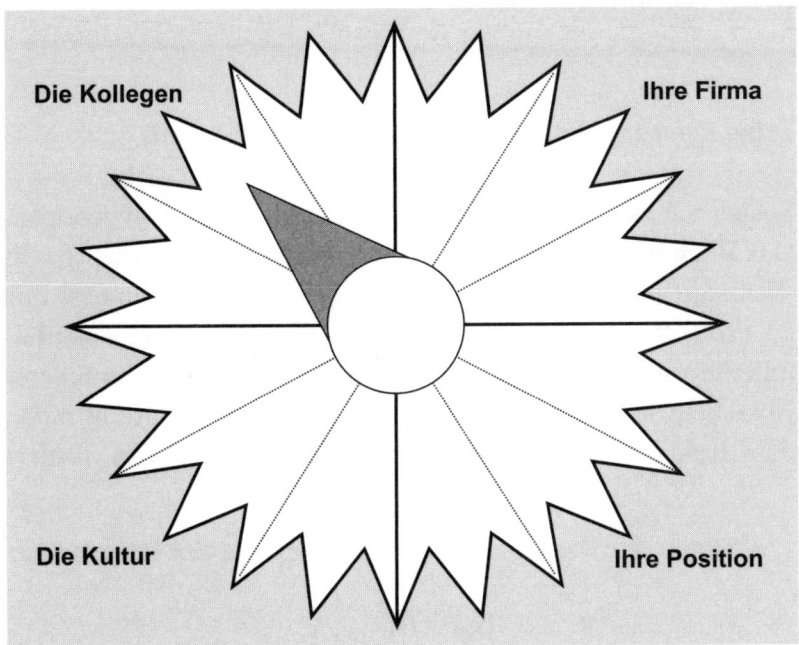

den Guerillas kommt. Unterlassen Sie deshalb alles, was den Anschein hat, Sie würden angreifen.

Einen Grundsatz kann ich nicht oft genug betonen: Planen Sie in dieser Situation jeden Ihrer Schritte sorgfältig! Kein Militärführer würde ohne eine durchdachte Strategie in den Kampf ziehen. Und das, was Sie vorhaben, ist in gewisser Weise leider auch ein Kampf. Suchen Sie sich zusätzlich einen Vertrauten, mit dem Sie Ihre Schritte besprechen, bestimmte Sätze üben und ein sicheres Auftreten trainieren. Stellen Sie sich bei jedem Ihrer geplanten Schritte vorher drei Fragen:

- Was ist das Beste, was passieren kann?
- Was ist das Schlimmste?
- Was tue ich in beiden Fällen?

Denken Sie stets drei Schritte im Voraus – und zwar in beide Richtungen!

Der Kompass schlägt in mehr als eine Richtung aus

Folgen Sie dem Grundsatz: vom Wichtigen zum Unwichtigen. Das Wichtige gehen Sie sofort an, das Unwichtige etwas später. Wenn Sie beispielsweise feststellen, dass es Ihnen in erster Linie an Profil fehlt (starker Ausschlag in Richtung Ihrer Position) und Sie zudem von Kollegen angegriffen werden (schwächerer Ausschlag in Richtung Kollegen), liegt die Vermutung nahe, dass Ihre schwache Position die Angriffe begünstigt, fördert

Abbildung 20: Der Kompass schlägt in mehr als eine Richtung aus

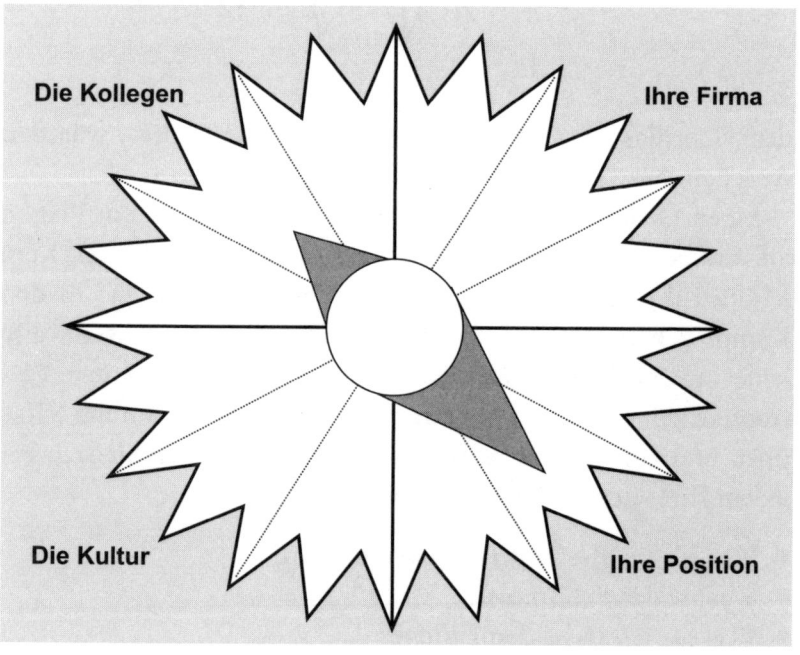

Die Kollegen — Ihre Firma

Die Kultur — Ihre Position

oder vielleicht sogar erst hervorruft. Überlegen Sie deshalb im ersten Schritt, wie Sie möglichst schnell eine Position der Stärke erlangen können (siehe Kapitel *Vorsicht Kompetenzfalle!* und *No Name oder Markenprodukt – was sind Sie für Ihren Chef?*). Aus dieser Position der Stärke heraus nehmen Sie den Kampf gegen die Guerillas auf. Unter Umständen hat sich das Guerilla-Problem dann bereits erledigt oder zumindest abgeschwächt. Sind Sie hingegen profiliert, aber werden angegriffen, liegt die Vermutung nahe, dass Sie es mit Neidkämpfen zu tun haben. Ihr Vorgehen ist genau umgekehrt: Schwächen Sie die Guerillas! Erst im zweiten Schritt arbeiten Sie daran, sich weiter zu positionieren.

Es brennt überall! Was nun?

Ihr Unternehmen befindet sich in einer Krise, Sie sind nicht profiliert, die Kultur Ihres Unternehmens verlangt Anpassung, verzeiht keine Fehler und zu allem Überfluss haben Sie noch ein Messer im Rücken. Das ist wirklich keine besonders attraktive Ausgangsposition. Sie führen einen Krieg an vier Fronten, der Ihren vollen Einsatz verlangt. Gerade jetzt dürfen Sie sich nicht verzetteln! Nehmen Sie die jeweils wichtigsten Punkte aus den einzelnen Kapiteln und beginnen Sie, sie gleichzeitig umzusetzen. Ich empfehle Ihnen drei Maßnahmen pro Bereich, mehr nicht. Sonst besteht die Gefahr, dass Sie den Überblick verlieren.

Werden Sie so schnell wie möglich produktiv! Falls Sie unproduktive Aufgaben haben, die Sie so schnell nicht loswerden, versuchen Sie, den Zeitaufwand für diese Aufgaben so gering wie möglich zu halten. Finden Sie kreative Wege, Zeit zu sparen! Übernehmen Sie Projekte beziehungsweise werden Sie Teil von Projekten, die in die Zukunft weisen, die dem Unternehmen direkt nützen und die messbare Erfolge bringen.

Versetzen Sie sich in die Rolle Ihres Chefs und fragen Sie sich: Gibt es irgendeinen Grund, warum ich mich nicht entlassen würde? Versuchen Sie die drei wichtigsten Gründe, Sie zu behalten, seien es besondere Fähigkeiten, besondere Eigenschaften oder Ähnliches, so oft wie möglich herauszustellen!

Da die Kultur Ihres Unternehmens offenbar wenig Fehler verzeiht, Rückgrat eher hinderlich ist und auch die Atmosphäre in der Chefetage nicht wirklich gemütlich wirkt, sollten Sie sich mit allzu großen Initiativen zurückhalten. Versuchen Sie – so wie die Schneehasen –, die Temperatur von morgen zu erahnen und beginnen Sie, die Farbe Ihres Fells anzupassen.

Abbildung 21: Der Kompass schlägt in alle Richtungen aus

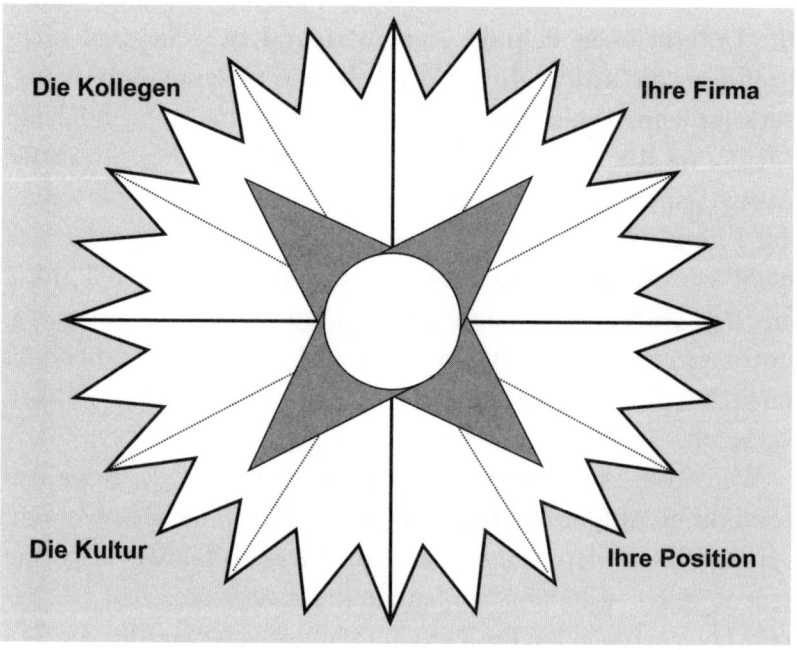

Suchen Sie in den Kapiteln *Guerillas am Arbeitsplatz* und *So wehren Sie sich gegen Guerilla-Angriffe* einen Weg, der Ihnen schnelle Erfolge im Kampf gegen Guerillas bringt. Schaffen Sie es, einen Schlag auszuführen, der sitzt? Auch dies eine beliebte Taktik: Zeigen, dass man wirklich zubeißen kann, in der Absicht, dadurch den Gegner zum Stocken zu bringen und sich selbst Luft zu verschaffen.

Schlusswort

Zum Ende dieses Buches möchte ich Ihnen noch einige letzte Dinge mit auf den Weg geben. Ich bin dabei wieder genauso offen und ehrlich, wie ich es Ihnen gegenüber in allen Punkten bin: Es gibt keine Garantie, dass die Strategien, die ich Ihnen vorgestellt haben, funktionieren. Leider. Niemand kann Ihnen eine hundertprozentige Garantie dafür geben, dass Sie Ihren Arbeitsplatz behalten. Und doch möchte ich Ihnen ein Versprechen geben.

Im Laufe von 25 Jahren Berufserfahrung habe ich nicht nur unterschiedlichste Menschen – vom Präsidentenberater über den Guerillaführer, vom cholerischen Vorgesetzten bis zum aalglatten Mitarbeiter – kennen gelernt, ich habe viele Erfahrungen selbst gemacht: Ich kenne das Gefühl, um die eigene Existenz zu zittern, ich hatte Neidpositionen, in denen ich Kollegen förmlich an meinem Stuhl sägen hören konnte und Machtpositionen, in denen ich über das Schicksal von Mitarbeitern entschied. Ich kenne das Gefühl, im Management zu sein und von Kollegen aus dem Führungsteam mit freundlichem Lächeln belogen zu werden, ich habe ausgeklügelte Machtspiele am eigenen Leib erfahren und ich habe selbst oft genug die Erfahrung gemacht, dass andere Freundlichkeit mit Schwäche verwechseln. Durch ein MBA-Studium habe ich meine praktischen Erfahrungen durch fundiertes Know-how ergänzt.

Die Ratschläge, den ich Ihnen gebe, beruhen nicht auf Einzelfällen, sondern auf Mustern, die ich im Laufe der Zeit erkannt, hinterfragt und durch fachliche Expertise gestützt habe. Um nur ein Beispiel zu nehmen: Die Art, wie Bill Clinton im Wahlkampf 1992 mithilfe von zweitklassigen Ersatzinformationen positioniert wurde, hat mich damals erstaunt. Ich bin in den Jahren danach systematisch der Frage nachgegangen, ob sich diese Art der Positionierung auch in Unternehmen wiederfindet und ob sie auch dort – genauso wie im Präsidentschaftswahlkampf – funktioniert. Jetzt, 15 Jahre später, sage ich Ihnen ganz klar: Ja. Und jetzt, 15 Jahre später, gebe ich Ihnen den Rat, sich mithilfe dieser zweitklassigen Ersatzinformationen zu positionieren.

Ich kann Ihnen nicht versprechen, dass Sie Ihren Arbeitsplatz unter allen Umständen behalten werden. Doch ich gebe Ihnen die Garantie dafür, dass Ihre Erfolgsaussichten mithilfe der beschriebenen Strategien und Taktiken um ein Vielfaches höher sind.

www.fest-im-sattel.de

Literaturverzeichnis

Kroeber-Riel, Werner und Franz Rudolf Esch: *Strategie und Technik der Werbung*, Stuttgart 2004

Mayrhofer, Wolfgang und Johannes Steyrer: *Macht? Erfolg? Reich? Glücklich? Einflussfaktoren auf Karrieren*, Wien 2005

McClelland, David C. und David H. Burnham: »Power is the great Motivator«, in: *Harvard Business Review* 54 (1976), S. 100–110

Meschkutat, Bärbel, Martina Stackebeck und Georg Langenhoff: *Der Mobbing-Report*, Dortmund/Berlin 2002. www.sfs-mobbing-report. de

Odiorne, George S.: *Strategic Management of Human Resources*, San Francisco 1984

Popkin, Samuel L.: *The Reasoning Voter. Communication and Persuation in Presidential Campaigns*, Chicago 1994

Roth, Gerhard: *Fühlen, Denken, Handeln. Wie das Gehirn unser Verhalten steuert*, Frankfurt am Main 2001

Rothschild, Michael L.: *Marketing Communications*, Lexington 1987

Scherer, Hermann: *Wie man Bill Clinton nach Deutschland holt. Networking für Fortgeschrittene*, Frankfurt am Main 2006

Scheuermann, Dr. Reimund: »Kompetenz und Distanz«, in: *Verwaltung und Management*, 5/2001, S. 269–275

Venzin, Markus, Carsten Rasner und Volker Mahnke: *Der Strategieprozess. Praxishandbuch zur Umsetzung im Unternehmen*, Frankfurt am Main 2003

Register